工程力学实验

蔡传国　陈　平
韦忠瑄　杨绪普　编著

中国铁道出版社
CHINA RAILWAY PUBLISHING HOUSE

内 容 简 介

本教材是作者长期探索力学实验教学改革的成果。其编写指导思想是:在传统的力学实验内容上融入带有强迫性质的创新启迪,使学生从过去按图索骥式验证实验变成主动思考理解式实验,在达到验证实验目的过程中,加深对实验机理的理解和实验方法的掌握,从而有效地提高实验教学质量,并提高学生创新思维。教材内容共分四部分:理论力学实验、材料力学实验、振动实验、数值模拟实验,另外附有部分常做实验的报告样本。

本书适合作为普通高等学校机械类、近机类、土木类等专业教材,也适合作为普通高等学校其他相关专业教材或教学参考书,亦可作为高职高专院校教材。

图书在版编目(CIP)数据

工程力学实验/蔡传国等编著. —北京:
中国铁道出版社,2012.10
ISBN 978-7-113-14766-2

Ⅰ.①工… Ⅱ.①蔡… Ⅲ.①工程力学—实验—高等
职业教育—教材 Ⅳ.①TB12-33

中国版本图书馆CIP数据核字(2012)第191406号

书　　名:工程力学实验
作　　者:蔡传国　陈　平　韦忠瑄　杨绪普　编著

策划编辑:邓　静　　　读者热线:400-668-0820
责任编辑:李小军
编辑助理:赵文婕
封面设计:刘　颖
责任印制:李　佳

出版发行:中国铁道出版社(100054,北京市西城区右安门西街8号)
网　　址:http://www.51eds.com
印　　刷:三河市华丰印刷厂
版　　次:2012年10月第1版　　2012年10月第1次印刷
开　　本:787 mm×1 092 mm　1/16　印张:9.5　字数:228千
印　　数:1~3 000册
书　　号:ISBN 978-7-113-14766-2
定　　价:19.00元

前　　言

当前工科院校本科力学的教学实验大致可归为两类，一类是验证学生在课堂上所学的理论知识。此类实验内容具体，目的明确，实验方法经过严格设计，实验步骤在试验教材和实验指导书中都有详细说明，实验结果也有标准答案可供对照，实验过程一般都有教师在旁指导，学生在实验室的知识接受过程与理论课堂上的灌输方式本质上并无二致。不应该否认此类验证性实验的意义，但是这种亦步亦趋的实验教学方法，除去培养动手能力的教学目标外，在培养学生创新思维方面充其量只起到了一个打基础的作用。

第二类实验是近几年实验教学改革中蓬勃兴起的设计性实验。在设计性试验中教师只规定实验内容和目的，实验方法和步骤由学生自主确定，实验的成功与否取决于实验结果与教师要求的结果是否一致。此种实验教学模式提高了学生解决问题的能力，但是主要体现在已掌握知识的综合利用，仍然属于创新基础范畴，在培养创新思维方面没有必然的因果联系。

对培养学生创新思维作用明显的是自主性实验。这类实验的内容多数由学生根据自己已掌握的知识和个人思考自主确定，教师只在技术上给予指导。学生来实验室的目的是实现自己的某个想法，在这类实验实施过程中创新潜力较容易得到发挥。然而，自主性实验的方式难以和正常的理论教学过程有机结合，在学生的实验时间统筹安排、刚掌握的基础知识的及时巩固等方面难以协调，而且无法做到普遍性，往往是对高年级学生才具备条件，而创新意识的培养应该是越早越好，同时要面向全体受教育者。为解决这些矛盾，就需要在现存实验教学模式上动脑筋。

本科阶段的力学课程属于专业基础课程，直接探索创新的内容较少，在学习中过多的设疑不利于基础知识的系统掌握。在这一阶段的教学中创新思维的培养，实践环节大有用武之地。问题在于当学生走进实验室后，怎样才能把他们从课堂上系统接受的学习状态，一下转入研究分析和打破常规的思维状态？编写本实验教材的目的便是结合力学实验教学改革，探索一种强化训练法。这里的强化训练不是常规的加大力度、通过反复形成习惯，或者在熟练中求提高，而是研究环境刺激的强化训练，即当学生一旦走进实验室，如果不改变被动的接受知识习惯，没有积极主动的实验创意，就没有完成实验目的，感觉到落后。长期以往，实验室就会形成一种创新氛围，学生在这里会逐渐养成积极探索的学风。而要造成这样的环境，实验内容的设计和编排既是重点，又是核心。所以，本教材的编写力图在传统的力学实验内容上融入带有强迫性质的创新启迪，使学生从过去的按图索骥式验证实验变成主动思考理解式实验,在达到验证实验的目的过程中,加深对实验机理的理解和实验方法的掌握,从而有效提高实验教学的质量。同时通过系列的强化训练和启迪,使学生的创新思维得到明显提高。

当然,实验教学的改革不仅仅是提出问题要学生解决,改革的主要工作是当学生的好奇心、创新欲望被调动起来后,实验室能提供技术条件以辅助他们朝着自己的目标向前发展,因此,本书所依据的仪器设备都是代表当前我国力学实验水平的较先进的仪器设备。

总之,随着信息时代的发展,新学科、新知识领域急骤增加,学生在校的有限时间需要掌握的知识愈来愈多,客观上决定了不可能有更多教学课时用于学生动手能力和创新实践的培养,通过改革传统实验教学方法,将创新意识培养与基础知识掌握更好地结合,将是实验教学的必由之路。

编　者

2012年8月

目　录

绪论　力学实验基础知识

一、概　　述

实验是工程力学课程的重要组成部分，是解决工程实际问题的重要手段之一。工程力学实验包括以下三方面的内容：

（1）验证工程力学的理论和定律。力学理论大多是对工程问题进行一定的简化或假设为基础，建立力学模型，然后进行数学推演。这些简化和假设的提出都是来自对工程实际的大量实践和观察分析，所建立理论的正确与否必须经过实践的检验，数学推导的简化与假设是否合理，关系着推导出的理论或公式能否正确反映客观实际，只有实验结果才能验证，因此，验证理论的正确性是工程力学实验的重要内容，学生通过这类实验，可巩固和加深理解基本概念，同时掌握验证理论的实验方法。

（2）研究和检验工程材料的力学性能（机械性能）。工程材料必须具有抵抗外力作用而不超过允许变形或不破坏的能力，这种能力表现为材料的强度、刚度、韧性、弹性及塑性等，工科学生必须熟悉这些性能。在工程力学实验课程学习中，学生通过检测材料力学性能实验的基本训练，掌握常用材料的力学性质，还可进一步加深理解工程力学理论课程所学习的相关知识，同时通过动手实践，掌握工程材料常用性能指标的基本测定方法，为以后的专业实验乃至工程实践打下基础。

（3）实验应力分析。即采用测量方法，确定许多无理论计算可用的复杂受力构件的应力分布状态和变形状态，以便检验构件的安全性或者为设计构件提供依据。随着现代科学技术的发展，新的材料不断涌现，新型结构层出不穷，强度、刚度问题的分析，提出了许多新课题，作为一名工程技术人员，只有扎实地掌握实验的基础知识和技能，才能较快地接受新的知识内容，赶上科技进步的步伐。

基于以上三个方面，本课程所安排的实验是配合工程力学理论课程的内容，围绕解决工程实际需要，结合本校的实验设备而设计的。考虑到开发学生智力、培养分析问题和解决问题的能力，使实验室成为学生从理论走向工程实践的桥梁，实验内容的选择偏向于与本校各个相关工程专业紧密结合。

工程力学实验包括学习实验原理、实验方法和实验技术，常用机器设备的原理和使用方法以及实验数据的处理。实验指导书分为四个部分：第一部分为理论力学实验，全部为验证理论型实验；第二部分为材料力学实验，其中教学计划规定的实验（基础实验）为必做实验，设计性实验部分为选作实验 ；第三部分为振动实验，内容均为自主性实验；第四部分为数值模拟实验，学习者可根据课堂教学内容，自主选做感兴趣的模拟实验。

二、实验须知

(1)实验前必须预习实验指导书中相关的内容,了解本次实验的内容、目的、要求及注意事项,尤其是其中的安全操作注意事项。

(2)按预约实验时间准时进入实验室,不得无故迟到、早退、缺席。

(3)进入实验室后,不得高声喧哗和擅自触碰仪器设备。

(4)保持实验室整洁,不准在机器、仪器及桌面上涂写,不准乱丢纸屑,不准随地吐痰。

(5)实验时应严格遵守操作步骤和注意事项, 不做与指定实验无关的事情。

(6)实验中,若遇仪器设备发生故障,应立即向教员报告,待检查、排除故障后,方能继续实验。

(7)力学实验一般不可单人操作,须分组进行,实验过程中应有统一指挥,分工明确,协同操作,不可各行其是。

(8)实验结束后,将仪器、工具清理摆正。不得将实验室的仪器、工具、材料、说明书等物品携带出实验室,特殊情况需暂时带出实验室的,应向教员办理借用手续。

(9)实验完毕,应在各自使用仪器设备的履历本上如实登记,实验数据经教员认可后方能离开实验室。

(10)学员上交的实验报告是教员检查实验教学效果的依据,实验报告要求字迹工整、绘图清晰、表格简明、实验结果正确。除封面可以使用统一的印制品外,其内容部分应手写手绘完成。

(11)分组实验的数据,同组实验者可共享,但实验报告须独立撰写。常规实验的结果,已自动将数据保存在所用仪器中,学员在实验报告撰写过程中若有疑问,可回实验室查阅,一般应将数据保留并带走,如果需要使用移动设备,应将移动设备交与教员杀毒检查后方可使用。学员若对课内的实验结果不满意可向教员申请重做。

(12)力学实验室为学校开放性实验室,除教学计划规定的必修实验内容外,尚可开设多种工程力学课程涉及的实验,包括学员自行设计的力学实验。此类实验的实施,学员应先向实验室提出申请,由实验室安排实验时间;自主性实验的试件由学员自己动手加工,实验室提供加工工具和设备,所需要的材料如须购买,则应事先向实验室提出书面的经费申请。

三、实验程序

本课程列入的力学实验,其实验条件以常温、静载为主,试件材质以金属为主。实验中主要测量作用在试件上的载荷以及应力、试件的变形和破坏。金属材质的试件所要求的载荷较大,由几千牛到几百千牛不等,故加力设备庞大复杂;变形则很小,绝对变形一般以千分之一毫米为单位,相对变形(应变)可以小到 $10^{-6} \sim 10^{-5}$,因而变形测量设备必须精密。进行实验,力与变形要同时测量,一般需数人共同完成。因此,力学实验要求实验者以组为单位,严密地组织协作,形成有机的整体,以便有效地完成实验。

(一)准　备

明确实验目的、原理和步骤及数据处理的方法。实验用的试件(或模型)是实验的对象,要了解其原材料的质量、加工精度,并细心地测量试件的尺寸,以此为基础对试件最大加载量值进行估算,并拟定加载方案。此外,还应根据实验内容事先拟定记录表格以供实验时记录数据,(部分实验的记录表格参看附录七)。

实验使用的机器和仪器应根据实验内容和目标进行适当的选择,在本课程的教学实验中,实验用的机器仪器是教员指定并预先调试的,但对选择工作怎样进行应当有所了解。选择试验机的根据如下:

(1) 需要用力的类型(例如使试件拉伸、压缩、弯曲或扭转的力)。

(2) 需要用力的量值(最大荷载)。前者由实验目的来决定,后者则主要依据试件(或模型)材质和尺寸来决定。

(3) 变形测量仪器的选择,应根据实验测量精度以及梯度等因素决定。

此外,使用是否方便、变形测量仪器安装有无困难,也都是选用时应当考虑的问题。

若准备工作做得越充分,则实验的进行便会越顺利,实验工作质量也越高。

(二)实　　验

开始实验前,应检查试验机的各种传感器、测量装置是否灵敏,输出线性是否符合要求,试件安装是否正确,变形仪是否安装稳妥等。检查完毕后还需要请指导教员确认,确认无误后方可开动机器。

第一次加载可不做记录或储存(不允许重复加载的实验除外),观察各部分变化是否正常。如果正常,再正式加载并开始记录。记录者及操作者均须严肃认真、一丝不苟地进行工作。

工程力学课程的必修实验内容,全部是检验材料力学性能,或者验证理论课程公式和结论的实验。实验是否成功,主要评判标准是其是否与理论相符、与已知的结论相符,若所得实验结果与理论不符,应检查实验准备情况,分析实验过程,纠正错误,重新进行实验。

试验完毕,要检查数据是否齐全,并注意设备复位,清理设备,把使用的仪器仪表拆除收放原处,并在使用记录簿上说明仪器设备的良好状态。

(三)安全操作注意事项

进行工程力学实验过程中应注意以下三点:

(1)力学实验的加载设备多为大型机器,使用时应严格遵守操作规程,除上课前认真预习实验指导书中的相关章节外,实验者初次进入实验室,应对照试验机实物,掌握操作方法。一般应在教员指导下,先不安装试件,空载运行机器,熟悉机器的开、关、行程以及紧急制动等按钮后,再正式开始实验。

(2)实验所用的软件、硬件上都有预先设定的限位开关,未经教员允许,不得擅自改动。

(3)实验按计划进行,不做与本次实验无关的操作。

(四)实验报告撰写要求

实验报告是实验者最后的成果,是实验资料的总结,教学实验的实验报告同时又是学生上交给教师的作业,(注意:实验结束时试验机的联机计算机打印的实验数据表和图形是实验报告的组成资料,不需要上交给教员),学员提交的报告应包括下列内容:

(1)实验名称、实验地点、实验日期、实验环境温度、实验人员姓名和同组成员名单。

(2)实验目的及原理。实验目的应明确简要;实验原理部分主要阐明试构件的受力状态。

(3)使用的机器、仪表。应注明名称、型号、精度(或放大倍数)等。其他用具也应写清,并绘出装置简图。

(4)试件。应详细描述试件的形状、尺寸、材质,一般应绘图说明并附以尽可能详细的文字注释。

(5)实验数据及处理数据要正确填入记录表格内,注明测量单位,例如厘米(cm)或毫米(mm),牛顿(N)或千牛顿(kN)。要注意仪器的测量单位是可以更改的。实验中使用何种测量精度是实验者根据需要施加最大荷载的数值预先确定并输入到仪器中的。在正常状况下,仪器设备所显示的和输出的精度,应当满足实验目的要求,大多数实验的测量精度都有相应的规范。对实验记录或输出数据中的非线性数据,应按误差分析理论对数据进行处理。表格的书写应整洁、清晰,使人方便读出全部测量结果的变化情况和它们的单位及准确度。力学实验中所用仪器设备可能有一部份是用工程单位制,整理数据时一律使用国际单位制。

(6)工程力学实验报告中的数据在计算时,须注意有效数字的运算法则。工程上一般取3~4位有效数字。

(7)图线表示结果注意事项。除根据测得的数据整理并计算出实验结果外,一般还要采用图表或曲线来表达实验的结果。先建立坐标系,并注明坐标轴所代表的物理量及比例尺。将实验数据的坐标点用记号“。”或“.”、“△”、“×”表示出来。当连接曲线时,不要用直线逐点连成折线,应该根据多数点的所在位置,描绘出光滑的曲线。例如图0-1(a)所示为不正确的描法,图0-1(b)所示为正确的描法。

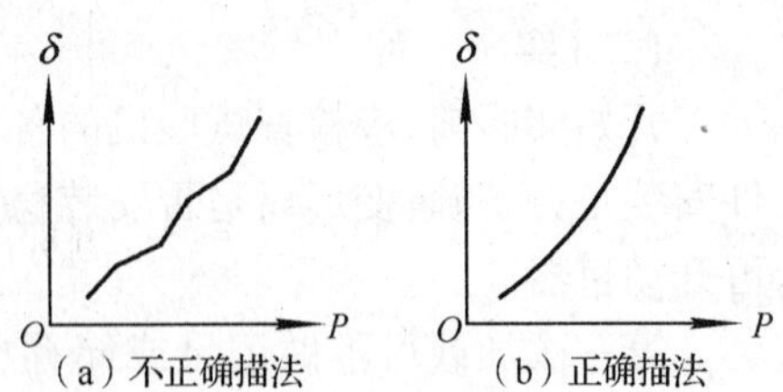

图0-1　实验数据绘图

(8)试验的总结及体会。对试验的结果进行分析,评价试验结果的可靠性、精度是否满足要求等,这是教学实验报告中最重要的部分。对实验结果和误差加以分析,当数据显示出的结果满足要求时,证明了本次实验的成功;当数据显示出的结果不满足要求时,并不一定是实验不成功,需要经过深入分析,准确认定造成误差的具体原因以及纠正措施,则本次实验仍是有意义的。

(9)回答教员指定的思考题。

(10)教员批改过的试验报告,退回手中时应认真读阅,并妥善保存,它将为实验者在以后的专业课实验甚至将来的工作实践中带来许多方便。

第一部分

理论力学实验

第一章　验 证 实 验

实验一　质点系动量定理推演

图 1－1 所示的弹性球系在理想情况下满足动能守恒和动量守恒。

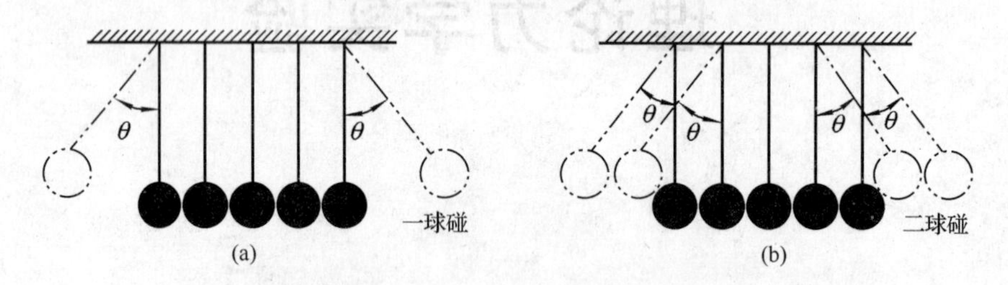

图 1－1　动能守恒和动量守恒的验证图

实验二　四种不同载荷的观测与理解

一、实验目的

通过实验，理解渐加载荷、冲击载荷、突加载荷和振动载荷的区别。

二、实验内容

(1)绘制四种载荷的力与时间的关系图。

(2)实验仪器：TMS-Ⅰ型理论力学多功能实验台上的磅秤、沙袋和偏心振动试验装置。

(3)实验步骤：

① 取出装有一定重量砂子的沙袋，将砂子连续倒在左边的磅秤上，在图 1－2(a)所示坐标系中画出力与时间的关系图。

② 将砂子倒回沙袋，并使沙袋处于和磅秤刚刚接触的位置上，突然释放沙袋，在图 1－2(b)所示坐标系中画出力与时间的关系图。

③ 将沙袋提取到一定高度，自由落下，观察磅秤的读数，在图 1－2(c)所示坐标系中画出力与时间的关系图。

④ 把与沙袋重量完全相同的偏心振动电动机放在磅秤上，打开开关使其振动，调整振动频率，观察此时磅秤读数，在某个固定频率下选择几个控制数据，在图 1－2(d)所示坐标系中画出力与时间的关系图。

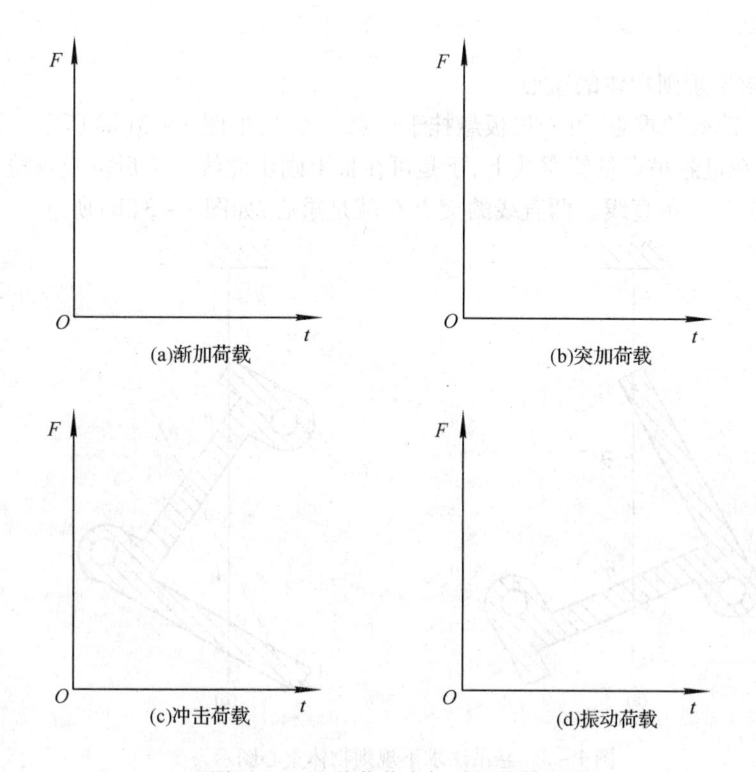

图1-2　四种载荷力与时间的关系图

三、注意事项

(1)观察渐加荷载时,应掌握好倒沙的速度,适中即可。

(2)观察冲击荷载时,不要将沙袋提得太高,以免对受力装置产生过度冲击。

(3)注意调节偏心振动电动机的转速,使其速度较慢以利于观察。

四、思考题

(1)四种不同载荷分别作用于同一座桥上时,哪一种最具破坏性?

(2)突加荷载时,为什么要限制沙袋与磅秤刚刚接触?

(3)试列举几种工程中常见的荷载。

(4)简述振动频率与力的关系。

实验三　求不规则物体的重心

一、实验目的

通过两种方法求出不规则物体的重心位置。

二、实验原理

(一)悬吊法求不规则物体的重心

如果需要求一薄板的重心,可先将板悬挂于任意一点 A,如图 1-3(a)所示。根据二力平衡公理,重心必然在过悬吊点的铅垂线上,于是可在板上画出此线。然后将板悬挂于另外一点 B,同样可以画出另外一条直线。两直线的交点 C 就是重心,如图 1-3(b)所示。

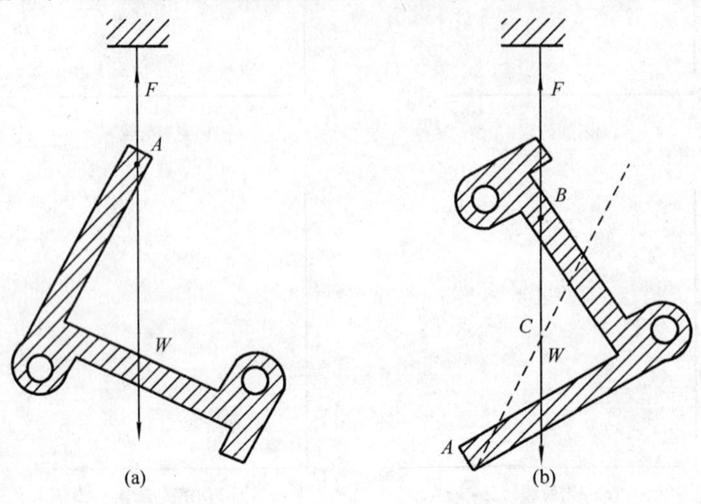

图 1-3 悬吊法求不规则物体重心图示

(二)称重法求轴对称物体的重心

如图 1-4(a)所示,设物体是均质的,则重心必然位于水平轴线上。因此只需要测定重心距离左侧支点 A 的距离 x_c。首先测出两个支点间的距离 l,然后将支点 B 置于磅秤上,保持中轴线水平,由此可测定得到支点 B 的支反力 F_{N1} 的大小。再将连杆旋转 180°,仍然保持中轴线水平,可测得 F_{N2} 的大小,如图 1-4(b)所示。根据平面平行力系,可以得到如下两个方程:

$$F_{N1} + F_{N2} = W$$

$$F_{N1} \cdot l - W \cdot x_c = 0$$

根据此方程,可以求出重心的位置:

$$x_c = \frac{F_{N1} \cdot l}{F_{N1} + F_{N2}}$$

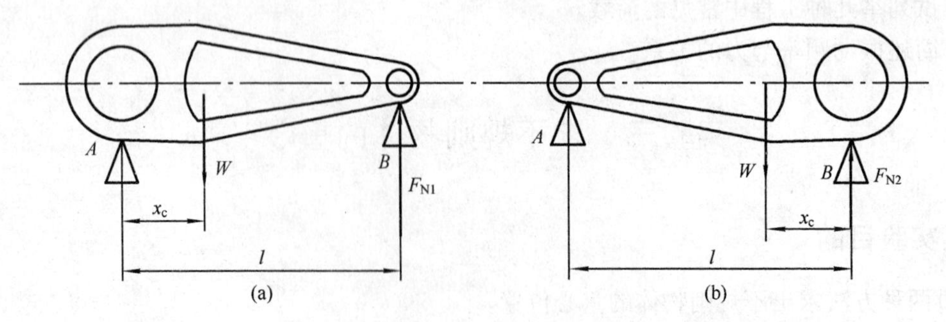

图 1-4 称重法求轴对称物体的重心图示

三、实验项目

(一)悬吊法求不规则物体的重心

(1)实验仪器:TMS-1A 型理论力学多功能实验台、直尺。

(2)实验步骤:

① 用细绳将不规则物体悬挂于上顶板的螺钉上,用粉笔在物体上标记悬挂点和第一条悬挂线的位置,并在纸上画出。

② 将物体换一个方向悬挂,标记悬挂点和第二条悬挂线的位置,并在物体上画出。

③ 两个悬挂线的交点,即重心的位置。

(二)称重法求对称摆锤的重心

(1)实验仪器:TMS-1A 型理论力学多功能实验台、直尺、弹簧秤。

(2)实验步骤:

① 将摆锤的一端悬挂于支架上,另一端悬挂于弹簧秤上,使两条悬挂线都处于垂直;记录此时弹簧秤的读数。

F_{N1} = ________________________ kg

② 取下摆锤,将摆锤转 180°,重复步骤①,测出此时磅秤读数。

F_{N2} = ________________________ kg

③ 测定连杆两支点间的距离。

l = ________________________ m

④ 计算摆锤的重心位置 x_c。

四、思考题

(1)利用以上工具,以上两个实验是否还有别的测量方法?

(2)试列举几种需要测量物体重心的工程问题?

实验四　三线摆法测定不规则物体的转动惯量

在动量矩定理中,刚体定轴转动方程可以表达为 $J_z a = M_z$,这与动力学基本方程$F = ma$是相似的,式中,转动惯量 J_z 的重要性与质量 m 相当。它表示刚体转动时惯性大小的量度,如同质量是质点惯性的量度一样。可见,掌握转动惯量的概念和如何测定刚体的转动惯量是十分重要的。一些均质并具有常见的几何形状的刚体,其转动惯量可查相关工程手册,但一些不规则形状和非均质刚体,其转动惯量很难计算,一般需要用实验的方法测得,三线摆是测取转动惯量的常用方法。

一、实验目的

(1)了解并掌握用三线摆方法测定物体转动惯量的原理和方法。

(2)用叠加法测定规则物体的转动惯量。

(3)验证转动惯量平行移轴定理。

二、实验设备和仪器

(1)TMS-1 型理论力学综合实验系统。

(2)三线摆实验装置。

(3)电子计时仪。

(4)规则试样三种(高薄形一个、扁平形一个、圆柱形一对)。

(5)卷尺和游标卡尺。

三、实验原理

根据定义,质点系内各质点的质量与各质点到 L 的距离 ρ_1 平方的乘积之和为质点对轴 L 的转动惯量 $J_z=\sum\rho^2\mathrm{d}m$。

当质点系为刚体时,上式可写成积分的形式 $J_z=\int\rho^2\mathrm{d}m$,转动惯量永远是一个正的标量,它不仅与刚体的质量有关,而且与质量的分布情况有关,其单位是 km · m²。

用三线摆法测试圆盘转动惯量的原理:图 1-5 所示的三线摆中,均质圆盘质量为 m,半径为 R,三线摆悬吊半径为 r。当均质圆盘作扭转角小于6°的微振动,测得扭转振动周期为 T,如图 1-6 所示。现在讨论圆盘的转动惯量与微扭振动周期的关系。

设 φ_0 为圆盘的扭转振幅,ψ_0 是摆线的扭转振幅,对于一个微小的位移则有

$$r\varphi=L\psi \tag{1-1}$$

在微振动时,系统最大动能:

$$T_{\max}=\frac{1}{2}J_0\varphi'^2_{\max}=\frac{1}{2}J_0\omega^2\varphi_0^2 \tag{1-2}$$

系统的最大势能:

$$U_{\max}=mgL(1-\cos\psi_0)=\frac{1}{2}mgL\psi_0^2=\frac{1}{2}mg\frac{r^2}{L}\varphi_0^2 \tag{1-3}$$

对于保守系统机械能守恒,即 $T_{\max}=U_{\max}$。得到圆盘扭转振动的固有角频率的平方为

$$\omega^2=\frac{mgr^2}{J_\omega L}$$

由于 $T=\dfrac{2\pi}{\omega}$,则圆盘的转动惯量:

$$J_0=\left(\frac{T}{2\pi}\right)^2\frac{mgr^2}{L} \tag{1-4}$$

式中　T——三线摆的扭振周期。

因此,只要测出周期 T 就可用式(1-4)计算出圆盘的转动惯量,且周期 T 测得越精确,转动惯量误差就越小。

本实验分为均质圆盘转动惯量验证测定、用叠加法测定不规则物体转动惯量(神舟六号载人飞船模型)、等效法测定不规则物体转动惯量和验证平行移轴定理三项内容。其中等效法的实验原理如图 1-7所示,实验盘上放置的等效圆柱直径 $d=20$ mm,高 $h=18$ mm,材料密度 $\gamma=7.75\ \mathrm{g/cm^3}$。

两圆柱对中心轴 O 的主动惯量计算公式:

$$J_0=2\left[\frac{1}{2}m\left(\frac{d}{2}\right)^2+m\left(\frac{S}{2}\right)^2\right]$$

式中　S——两圆柱的中心距。

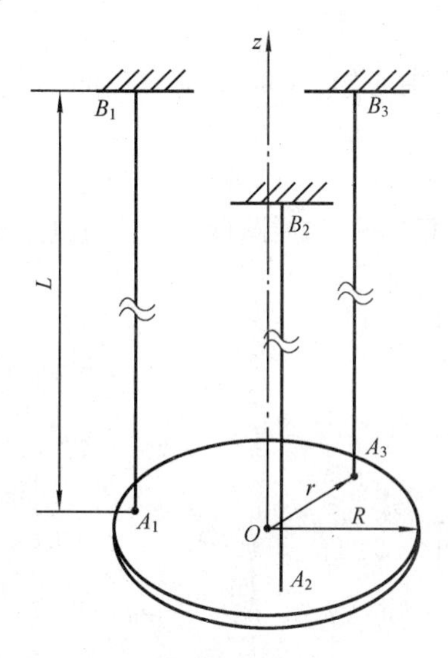

图 1－5　三线摆图示

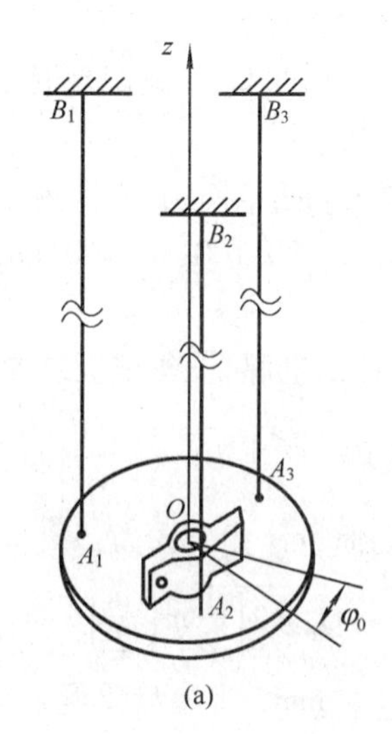

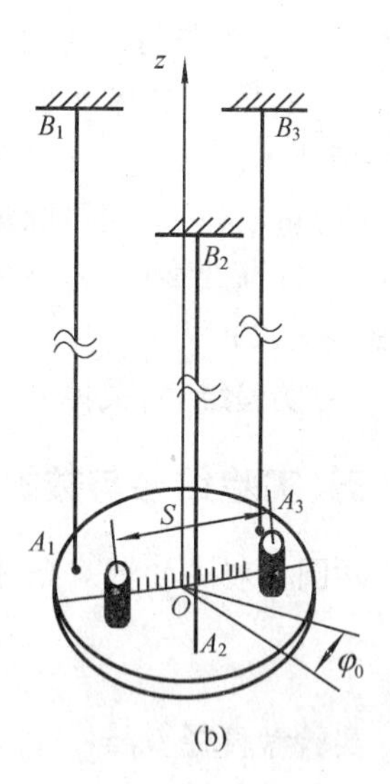

图 1－6　圆盘转动惯量的测试图示

首先用叠加法测出飞船模型扭转振动周期，如图 1－6(a)所示，计算出转动惯量；再用两个与飞船模型等重的圆柱体，分别以不同的中心距 S 测出相应的扭转振荡周期 T，如图 1－6(b)所示，用插入法求得与飞船模型相同扭振周期 T 时的中心距，并测定中心距 S，计算出两个圆柱对中心轴的转动惯量。

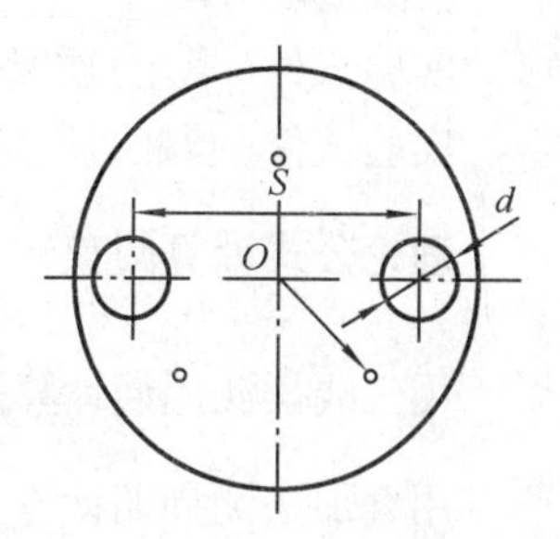

图 1－7　均质圆盘的测试图

四、实验方法和步骤

（一）匀质圆盘转动惯量测定

(1)调节“三线摆”底板上的三个调节螺栓，使“三线摆”的上圆盘呈水平状态。

(2)调整“三线摆”上圆盘上的三个调节装置，使摆线长度适当，并使下圆盘呈水平状态。

(3)调节光电传感器至适当位置，并予以固定。

(4)将光电传感器的信号线连接到计时仪上。

(5)接通电源，依次打开“开关控制”“计时仪”电源开关。

(6)按“计时仪” 面板上的个位、十位键，设置计时周期数。

(7)通过高度指示器，量取摆线高度，并记录。

(8)移开高度指示器，以免妨碍圆盘转动。

(9)使实验盘下盘保持静止状态。

(10)转动“三线摆”上盘中间的旋钮，使实验盘产生微幅摆动。

(11)依次按计时仪面板上的“复位”和“执行”按钮，开始测量计时。

(12)待计时自动停止后，读取时间，并记录。

(13)重复步骤(9)～(12)三遍。

（二）叠加法测不规则物体转动惯量

(1)放置飞船模型至实验圆盘中心。

(2)重复(一) 匀质圆盘转动惯量测定中的步骤(9) ~ (12)三遍。

(三)等效法测不规则物体转动惯量

(1)放置圆柱体实验试样(质量同不规则物体),初设中心矩 S(例如 $S = 60$ mm),如图1-7所示。

(2)重复(一) 匀质圆盘转动惯量测定中的步骤(9) ~ (12)。

(3)逐渐改变中心矩(例如 $S = 80, 100, \cdots, 160$ mm),重复(一) 匀质圆盘转动惯量测定步骤(9) ~ (12)。

(4)实验结束,关掉开关,切断电源,设备整理复原。

五、实验结果与数据处理

两圆柱对中心轴 O 的主动惯量计算公式为

$$J_0 = 2\left[\frac{1}{2}m\left(\frac{d}{2}\right)^2 + m\left(\frac{S}{2}\right)^2\right]$$

实验盘直径 $D_0 =$ ________mm, 实验盘质量 $m_0 =$ ________g。

上圆盘摆线直径 $D_{01} =$ ________mm,下圆盘摆线直径 $D_{02} =$ ________mm。

摆线高度 $L =$ ________mm,计数周期 $N =$ ________次。

实验试件(飞船)质量 $m_1 =$ ________g。

实验试件(圆柱)质量 $m_2 =$ ________g, 外径 $D_2 =$ ________mm,内经 $d_2 =$ ________mm。

理论公式计算圆盘转动惯量:$J_0 = \frac{1}{2}mR^2 =$ ______ kg · m²。

用三线摆测周期计算圆盘转动惯量:$J_0 = \left(\frac{T}{2\pi}\right)^2 \frac{mgr^2}{L} =$ ________kg · m²。

用叠加法测周期计算飞船模型的转动惯量:$J_{01} = J - J_0 =$ ________ kg · m²,用等效法测周期计算飞船模型的转动惯量。

六、注意事项

实验过程中应注意以下几点:

(1)摆的初始偏转角应小于或等于5°。

(2)摆线应尽可能长,且实验过程中保持不变。

(3)不规则物体(飞船模型)的转轴应与实验圆盘中心重合。

(4)两圆柱体放置时,应尽量保持中心对称。

① 叠加法测定不规则物体转动惯量,并将表1-1所示内容填写完整。

表1-1　实验数据

试样名称	试样质量 m/g	序号	计时 t/s	周期 T/s	转动惯量实测值 J/(kg · m²)	转动惯量理论值 J_0/(kg · m²)	误差 /%
实验圆盘		1					
		2					
		3					
飞船模型		1					
		2					
		3					

② 等效法测定飞船模型转动惯量。并将表 1－2 所示内容填写完整。

表 1－2　实验数据

试样名称	中心距离 S/mm	序号	计时 t/s	周期 T/s	平均周期 T/s	转动惯量计算值 J/(kg·m²)	转动惯量等效值 J/(kg·m²)
飞船模型		1					
		2				—	
		3					
试样圆柱体	60	1					
		2					—
		3					
	80	1					
		2					—
		3					
	100	1					
		2					—
		3					
	120	1					
		2					—
		3					
	140	1					
		2					—
		3					
	160	1					
		2					—
		3					

七、思考题

(1)假如初始摆角过大,将对实验结果造成哪些影响?
(2)试分析摆线长度对测试精度的影响?
(3)不规则物体的轴心与圆盘中心不重合,对测量误差有哪些影响?
(4)若不规则物体的轴心与其本身重心不重合,会对测量误差造成哪些影响?
(5)等效法与叠加法相比,有哪些优缺点?
(6)对于不规则物体与规则物体在质量不等的情况下,可以用等效法测定转动惯量吗?

实验五　摩擦因数测定

一、实验目的

通过试验测定不同材料之间的静摩擦因数 f_s 和动摩擦因数 f_d。

二、实验装置简介

图 1－8 是摩擦实验的原理图。通过调节支撑门架上端的两个旋钮,改变滑板的倾角,测

出物块保持静止时的最大摩擦角 φ_1，称为静摩擦角，进而根据图 1－8 所示静力平衡关系而推算出 $f_s=\tan\varphi_1$。

图 1－9 所示为滑块运动参数测量装置，两个光电管 L_1、L_2 之间的距离可以调节。滑块 A 在滑槽中运动时，计时器可记录下滑块通过两个光电管之间的时间，通过光电管 L_1、L_2 之间的距离，以及测得的时间，利用动力学方程，可以计算出滑块材料与滑槽底面材料之间的动摩擦因数。

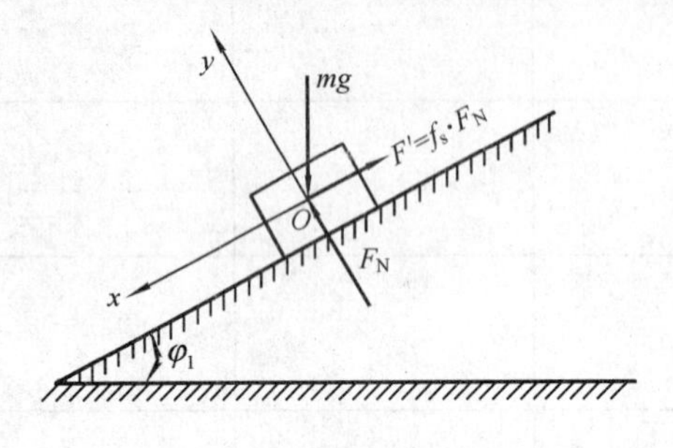

图 1－8　摩擦实验的原理图

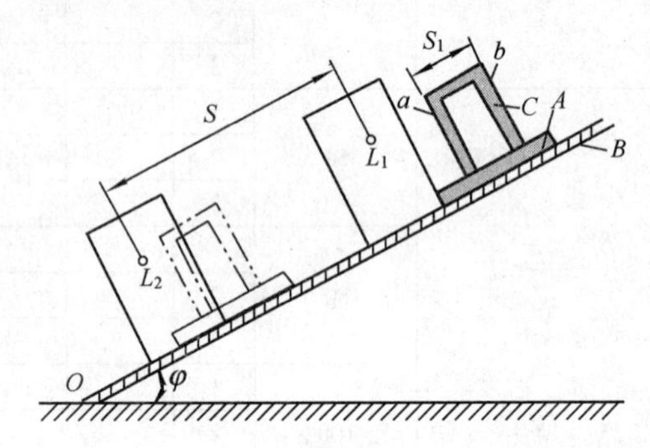

图 1－9　滑块运动参数测量装置

$$f_d=\tan\varphi-\left|\frac{S_1(t_1-t_2)}{gt_1t_2t_4\cos\varphi}\right|$$

式中　t_1——试块 A 的 a 边和 b 边经过光电管 L_1 的时间；

t_2——试块 A 的 a 边和 b 边经过光电管 L_2 的时间；

t_3——试块 A 从光电管 L_1 到达光电管 L_2 所需要的时间；

t_4——时间参数，$t_4=t_3+\frac{1}{2}(t_2-t_1)$；

S_1——试块 A 不透光挡距，数值为 2 cm；

g——重力加速度，数值为 980 $\mathrm{cm/s^2}$；

φ——试块斜面 B（即滑板）的倾斜角，它比静摩擦角 φ_1 略大。

动摩擦因数的测定方法如下：

（1）打开加速度仪电源开关，先按“复位”键，再按“开始”键。

（2）将试块 A 从斜面的高端某确定位置滑下，经过光电管 L_1 和 L_2 滑到下端被缓冲挡块挡住。

（3）测试仪面板右边指示小灯按以下次序 $t_1\to v_1\to t_2\to v_2\to t_3\to a$ 轮流显示，仪器正面大显示屏上即时显示数据，观察并记录 t_1、t_2、t_3（单位均为 ms）。

将上述数据填入表 1－3，作为一次实验的记录；再做第二次实验，重复上述步骤，先按“复位”键，再按“开始”键……，再次记录数据。因为动滑动摩擦具有随机性，理论上是泊松分布，所以要在相同的条件下测试多次，对其数据进行计算整理，并用统计方法算出结果，填入表 1－3 中的 f_d 项。

表 1－3　实验数据

测试次数	t_1/s	t_2/s	t_3/s	t_4/s	φ	$\tan\varphi$	$\cos\varphi$	$\tan\varphi-\left\|\frac{S_1(t_1-t_2)}{gt_1t_2t_4\cos\varphi}\right\|$	f_d
1									
2									
3									

续表

测试次数	t_1/s	t_2/s	t_3/s	t_4/s	φ	$\tan\varphi$	$\cos\varphi$	$\tan\varphi-\left\|\dfrac{S_1(t_1-t_2)}{gt_1t_2t_4\cos\varphi}\right\|$	f_d
4									
5									
6									
7									
8									
9									
10									
动摩擦因数的平均值(去掉最大和最小后的平均值)f_d =									

实验六　工程结构振动实验演示

一、实验目的

(1)了解风激励对“空中输电线”产生的振动响应,认识共振的危害性。

(2)感知“空中输电线”的抽象模型。

(3)测取“空中输电线”模型的振动幅值与风激励速度之间的关系曲线。

二、实验设备和仪器

(1)TMS-Ⅰ型理论力学综合实验系统。

(2)风机。

(3)“空中输电线”模型。

(4)交流可调电源。

(5)风速仪。

三、实验原理

单自由度振动系统的固有角频率 ω_n 与振动质量 m 和弹簧刚度 k 之间的重要的关系为

$$\omega_n=\sqrt{\frac{k}{m}}$$

“空中输电线”可以抽象为由弹簧和质量块组成的系统模型,在风激励下,该系统将产生振动,激励频率与风速有关,而系统振幅又与激励频率有关。在不同的风速下,激励频率不同,系统的稳定振幅也不同,当激励频率接近系统的固有频率时,系统将产生共振。

日常生活中人们习惯了因而也容易理解自由振动和强迫振动现象,但“空中输电线”的共振现象不同于一般的强迫振动,它是一种自激振动。自激振动现象与自由振动和强迫振动的区别较难被人们所认识,自激振动是一种比较特殊的现象。它不同于强迫振动,因为其没有固定周期性交变的能量输入,而且自激振动的频率基本上取决于系统的固有特性;它也不同于自由振动,因为它并不随时间增大而衰减,系统振动时,维持振动的能量不像自由振动时一次输入,而是像强迫振动那样持续地输入。但这一能源并不像强迫振动时通过周期性的作用对系统输入能量,而是对系统产生一个持续的作用,这个非周期性作用只有通过系统本身的振动才能不断输入，振动才能变为周期性的作用，也只有成为周期性作用后，能量才能不断输入振动系统，从而维持系统的自激振动。因此，它与强迫振动的一个重要区别在于系统没有初始运动就不会引起自激振动，而强迫振动则不然。因此，“空中输电线”的共振演示可以很好地帮助我们搞清自激振动和强迫振动的概念。

四、实验方法和步骤

(1)连接风机电源至交流可调电源上。

(2)将交流可调电源模块上的调节旋钮调至最低点(逆时针方向旋到底)。

(3)熟悉并试用光电转速表和风速仪，观察各仪表是否正常。

(4)接通 TMS-Ⅰ 型理论力学综合实验系统电源，并依次打开“开关控制”“交流可调电源”面板上的开关。

(5)缓慢调节“交流可调电源”的调节开关(顺时针方向)，使电源输出电压为 120 V。

(6)给“空中输电线”模型一个扰动(将模型向下拉一点然后释放)。

(7)等待几分钟，待系统模型达到稳定振幅后，测量模型附近风速（测模型附近风速；打开风速仪电源开关，使风速感应风扇的迎风面有黄色标记正面迎风，读取风速仪上的数据即得风速值)；测定模型振幅 A_{p_p}。

(8)读取输出电压、风速和模型振幅 A_{p_p} 并作记录，填写测量结果。

(9)增加电源输出电压 20 V，重复步骤(7) ~ (8)，直至输出电压为 220 V。

五、实验结果与处理

在表 1－4 中填写数据记录。

表 1－4　实验数据

风机电压 U/V	风速 v_W/(m/s)	模型振幅 A_{p_p}/mm
120		
140		
160		
180		
200		
220		

六、注意事项

(1)在风机启动前，应调节调压器至电压较低位置，或者逆时针调至零位，待开启风机电源后再缓慢上调至适当值，这样可以避免风机启动引起电流冲击。

(2)风速仪应在整个测试过程中保持同位置同方向，并避免将朝向模型的风挡住。

七、思考题

(1)给模型一个初始扰动的目的是什么？对系统测量有影响吗？

(2)可否改变风机电压后马上测系统的振幅？为什么？

(3)风机的极限转速是多少？(假定风机的额定转速为 2 800 r/min。)

(4)自由振动、自激振动和强迫振动的区别和各自的特点是什么？

(5)利用现有的实验装置和配件，演示受迫振动过程。

第二部分

材料力学实验

第二章　基本实验

实验一　低碳钢和铸铁拉伸实验

受拉构件是工程中最常见的承载形式，因此，拉伸实验是检验材料力学性能最基本的实验。

任何一种材料受力后都要产生变形，这种变形一般表现为弹性变形和塑性变形。大多数材料变形到一定程度就会发生断裂破坏。材料在受力为零到最大受力过程中所呈现的变形和破坏，真实地反映了材料抵抗外力的全过程，拉伸实验即是在应力状态为单向、温度恒定且应变速率符合静载加载要求的情况下进行，它所得到的材料性能数据对于设计和选材、新材料研制、材料采购与验收、产品质量控制、设备安全评估等方面都有重要的应用价值和参考价值。

由于多数金属材料的拉伸曲线特性介于低碳钢与铸铁之间，因此本实验以低碳钢 Q235 和灰铸铁 HT16 材料制成的标准试样为研究对象。

一、实验目的

(1)了解实验设备——电子程控材料试验机的构造和工作原理，掌握其操作方法及使用时的注意事项。

(2)测定低碳钢的屈服极限(流动极限)σ_s、强度极限 σ_b、伸长率 δ、断面收缩率 ψ、弹性模量 E 等参数。

(3)测定铸铁的强度极限 σ_b。

(4)观察以上两种材料在拉伸过程中产生的各种现象，并利用自动绘图程序绘制出拉伸图(P-ΔL 曲线)。

(5)比较低碳钢(塑性材料)与铸铁(脆性材料)在拉伸时的力学性能。

二、实验设备和仪器

(1)设备：电子程控材料试验机、引伸计。

(2)量具：游标卡尺、钢尺、分规。

下面简单介绍电子程控材料试验机的构造、工作原理及操作规程。

在材料力学实验中，最常用的机器是万能材料试验机。它可以做拉伸、压缩、剪切、弯曲等试验，习惯上称其为万能试验机。材料试验机有多种类型，其工作原理大同小异。

DAN100 型电子程控材料试验机的外形如图 2－1 所示。其主要包括以下两个部分：

(1)主机部分。主机是机架与机械传动系统的结合体，主机的结构组成主要有承担负荷的机

图 2－1　DAN100 型电子程控材料试验机外形图

架、传动系统、夹持系统与限位保护装置。工作时，伺服电动机驱动机械传动减速器，进而带动丝杠传动，驱使中间的横梁上下移动。试验过程中，力在门式负荷框架内得到平衡。例如，将拉伸试样装于上夹头和下夹头内，当活动横梁向下移动时，因上夹头不动，而下夹头随着横梁向下移动，则试样受到拉伸；如果将试样放置于机座平台的承压座上，当横梁下降时，则试样受到压缩。

做拉伸实验时，为了适应不同长度的试样，可开动活动横梁的驱动电动机，控制下夹头上下移动，调整适当的拉伸空间。驱动开关在机身的立柱上。

对于不同形状的试样，夹持系统配备了不同的适用夹具，以保证试样被牢固地固定在夹具上。

(2)测量与控制部分。测量与控制部分由传感器、控制器、计算机及相应的软件程序组成，其中传感器安装在主机内，控制器是一个单独的箱体(见图 2－2)，其功能是各传感通道的开关以及信号的数模转换，两者通过信号线与计算机相连，操作者的指令通过软件程序中的待设定参数给出。软件程序(见图 2－3)已将常规实验的指令集成化，操作者只需要按照人机对话界面的提示选择即可。

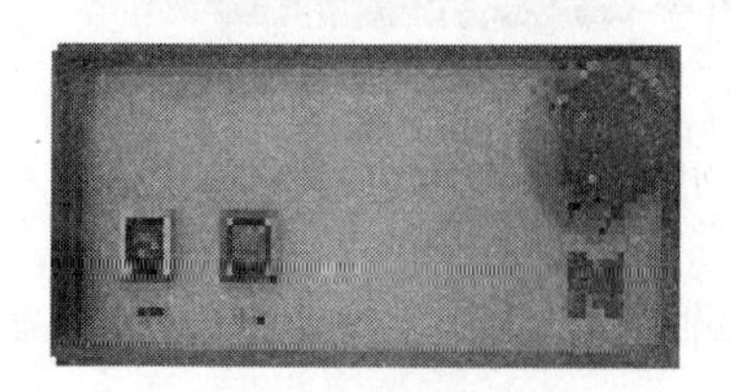

图 2－2　控制器

图 2－3　软件程序

三、实验原理

(1)用金属材料制成的试样在受到单向拉力时，其力与变形的关系曲线(P-ΔL)集中反映了不同金属材料之间力学性能的差异。低碳钢属于金属类材料中塑性较大的一种，为了检验低碳钢拉伸时的力学性能，应使试样轴向受拉直到断裂，在拉伸过程中以及试样断裂后，测读出必要的特征数据（例如，屈服载荷 P_s、最大载荷 P_b、断裂后的长度 l_1、断口直径 d_1），经过计算，便可得到表示材料力学性能的五大指标：σ_s、σ_b、δ、ψ、E。

（2）铸铁属于金属类材料中的脆性材料，轴向拉伸时，在变形很小的情况下即可断裂，故一般测定其抗拉强度极限 σ_b。

四、实验试样

拉伸试样的各部分名称代号如图 2－4 所示。夹持部分用来装入试验机夹具中以便夹紧试样，过渡部分的曲率用来减小应力集中保证标距部分能均匀受力，这两部分的形状和尺寸，决定于试样的截面形状和尺寸以及机器夹具类型。

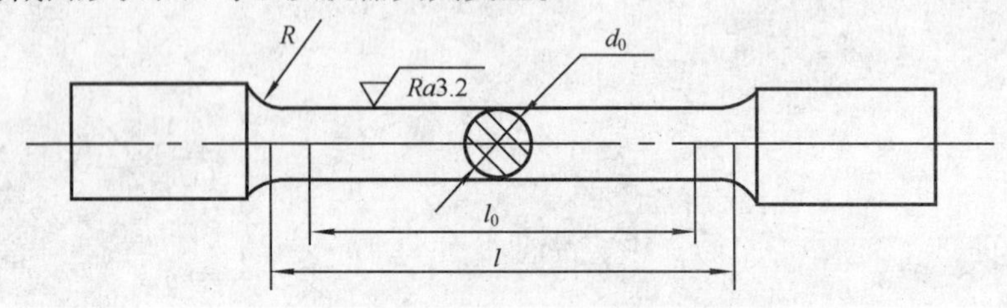

图 2－4　拉伸试样

标距 l_0 是待试部分，也是试样的主体，其长度通常简称为标距，也称为计算长度；l 称为试样的平行长度，$l \geq l_0 + d_0$；试样的尺寸和形状对材料的塑性性质影响很大，为了能正确地比较材料的力学性能，国家相关标准对试样尺寸作出了规定。

拉伸试样分比例试样和非比例试样两种。比例试样系按公式 $l_0 = K\sqrt{A_0}$ 计算而得。式中，l_0 为标距，A_0 为标距部分原始截面积，系数 K 通常为 5.65 和 11.3（前者称为短试样，后者称为长试样）。据此，短、长圆形试样的标距长度 l_0 分别等于 $5d_0$ 和 $10d_0$，如图 2－5 所示。非比例试样的标距与其原横截面间无上述确定的关系。

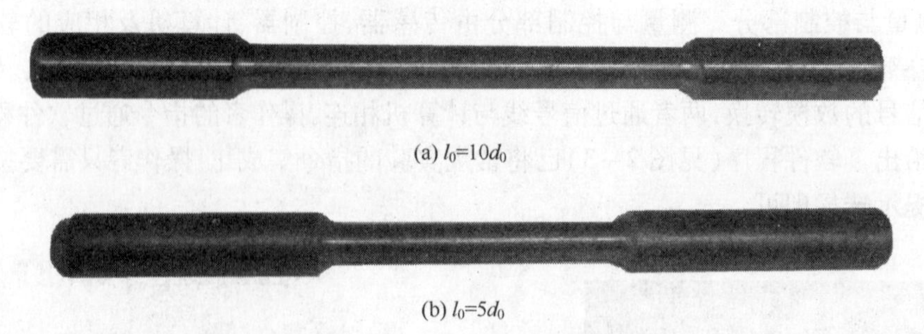

(a) $l_0=10d_0$

(b) $l_0=5d_0$

图 2－5　拉伸试样实物图

根据国家标准（GB/T 228.1—2010）《金属材料　拉伸试验第 1 部分：室温试验方法》将比例试样尺寸相关系数列入到表 2－1 中。

表中，d_0 表示试样标距部分的原始直径，δ_{10}、δ_5 分别表示标距长度 l_0 是直径为 d_0 的 10 倍或 5 倍的试样伸长率。

常用试样的形状尺寸、表面粗糙度等可查相关的国家标准。

表 2-1　比例试样尺寸列表

试样		d_0 标距l_0 l 标距长度l_0/mm		横截面积 A_0/mm	圆形试样直径	表示伸长率的符号
比例	长	$11.3\sqrt{A_0}$	$10d_0$	任意	任意	δ_{10}
	短	$5.65\sqrt{A_0}$	$5d_0$			δ_5

五、实验方法和步骤

低碳钢试样的拉伸实验的实验方法和步骤如下：

(1)测定试样的截面尺寸。圆形试样其直径 d_0 的测定方法是：使用游标卡尺（见图 2-6）在试样标距长度的两端和中间三个位置进行测量，每处在两个相互垂直的方向上各测一次，取其算术平均值，然后取这三个平均数的最小值作为 d_0；矩形试样测三个截面的宽度 b 与厚度 a，求出相应的三个 A_0，取最小的值作为 A_0。A_0 的计算精确度：当 $A_0 \leqslant 100\ mm^2$ 时，A_0 取小数点后面一位；当 $A_0 > 100\ mm^2$ 时 A_0 取整数。所要求位数以后的数字按"四舍五入"处理。

(2)确定试样标距长度 l_0，除了要根据圆试样的直径 d_0 或矩形试样的截面积 A_0 来确定外，还应将其化整为 5 mm或 10 mm 的倍数。小于 2.5 mm 的数值舍去；等于或大于 2.5 mm 但小于 7.5 mm 的数值化整为 5 mm；等于或大于 7.5 mm 的数值进为 10 mm。本实验室的拉伸试样 l_0 均为 100 mm。在标距长度 l_0 的两端各打一小标点，此两点的位置，应做到使其连线平行于试样的轴线。两标点之间用分划器等分 10 格，并刻出分格线，以便观察变形分布情况，测定延伸率 δ。

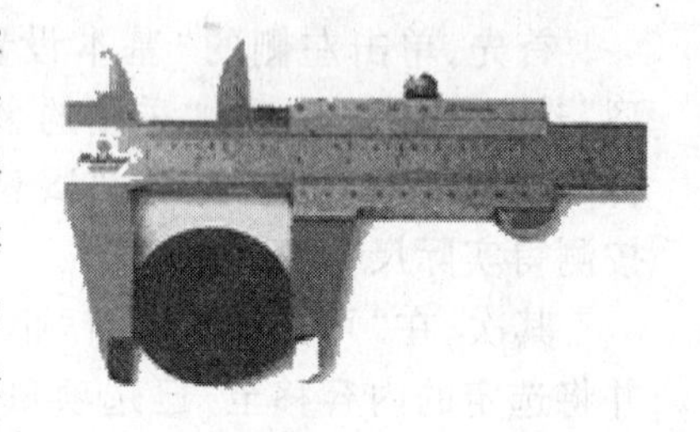

游标卡尺

图 2-6　游标卡尺的使用

(3)根据低碳钢的强度极限（查阅本书附录 F），估计加在试样上的最大载荷，据此评估所使用的实验机最大加载量程是否满足要求。

(4)输入操作指令，步骤如下：

① 打开计算机电源，打开控制器电源。

② 双击桌面上的 TestExpert. NET1.0 图标，启动实验程序。

③ 单击"登录"按钮，进入程序主界面（见图 2-7）。

④ 单击主界面上的"联机"按钮，然后单击绿色的"启动"按钮，此时控制器（见图 2-7）的"启动"绿灯应亮起。

⑤ 单击屏幕最上端选项行的"方法"按钮，在弹出的选项窗口中选择金属棒料拉伸实验。

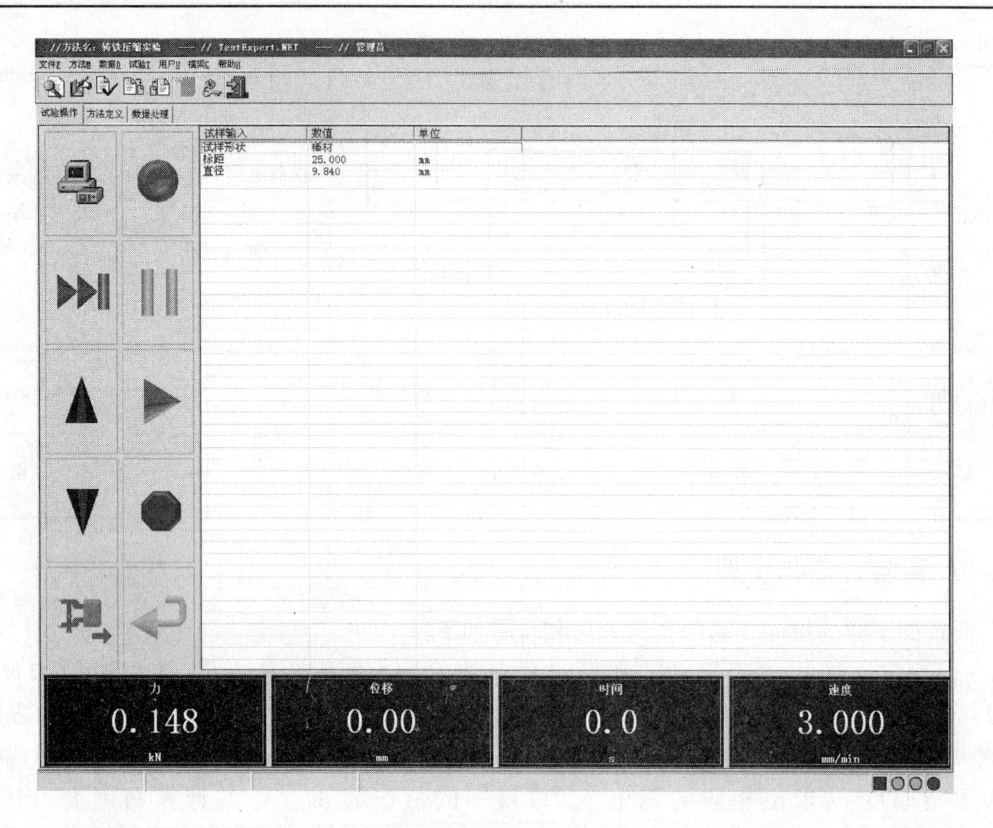

图 2-7　拉伸试验程序主界面

⑥ 单击“方法定义”按钮，进入参数设置界面。

首先，单击左侧的“基本设置”按钮，然后从上到下选定左端窗口的参数，“方法类型”选择“拉伸”选项；“采用的名称符号系统”选择“新标准”选项；“测试及报告输出语言”选择“简体中文”选项；“试验结果是否修约”选择“修约”选项；试样形状及尺寸栏则按测得实际尺寸填写。

其次，在“可选计算项目”框内。参照前述拉伸实验目的选择本次实验的计算项目，并将选定的内容移至“已选项目”框内。常规的低碳钢拉伸实验应选择“屈服力”“屈服强度”“最大力”“抗拉强度”“弹性模量”“断后伸长”“断后伸长率”“截面积”“断面收缩率”等参数。

然后，单击“设置报告标题”按钮，按照提示输入“主标题”“副标题一”“副标题二”。“主标题”一般为实验名称，例如“低碳钢拉伸实验”；“副标题一”一般为单位名称，例如“理学院八队”；“副标题二”则为实验者姓名。

单击左侧“设备及通道”按钮进入选择界面，首先确定是否使用引伸计或选定引伸计类型（当需要测定弹性模量 E 时，须使用引伸计，引伸计测得的信号是标距范围内试样变形，测定 E 的另外一种方法详见第三章设计性实验五），输入引伸计的标距和量程参数，选定摘除引伸计的方法；其次在右侧框内选定测量通道并设定测量值的单位和小数位数。

单击“控制与采集”按钮，首先确认左侧的设定为“速度控制”选项；其次在右侧框内自上而下选定控制参数，一般的拉伸实验为“实验前消除间隙后自动清零”，“横梁初始位移”为向下，“采用数据是否保存”选择“保存”选项，“采用频率”为10 Hz，“实验速度”为2.0 mm/min，

"调节间隙速度"为10 mm/min,同时激活"断裂检测"功能。

单击界面下部的设置通道显示窗口,选定实验过程中屏幕显示项目,并将其移至已选显示通道,一般拉伸实验宜选择"力""位移""变形""速度""时间"选项作为显示项目。

最后,单击"设置实施曲线"按钮,将 Y 轴设为力(荷载),X 轴设为变形(或位移)。

(5)安装试样。拉伸实验的加力过程是通过活动横梁的向下移动实现的。实验前,先将试样一端固定在试验机的横梁上的固定夹头内,固定的方法是逐步旋紧上夹头,使夹头内的斜面滑块逐渐夹紧试样,夹紧过程中要注意观察斜面滑块外侧的薄垫块,使其始终与滑块紧密镶贴,没有空隙;上夹头安装完毕后,利用试验机立柱上的行程开关,使下夹头上升至恰当位置后,停止上升,旋紧下夹头。在这一步骤中有两点注意事项,一是下夹头的调整是通过立柱上的行程开关控制的,该行程开关是无级变速开关,顺时针旋转开关上的旋钮可改变调整速度,需要注意的是,只有控制器的绿灯亮起时,行程开关才是有效的;二是在计算机屏幕上也有该行程开关的控制按钮,尤其是当需要调整的行程较大时,可在屏幕上使用快速调整开关,此时要注意正确设定下夹头的调整值,屏幕下面位移窗口将实时显示下夹头坐标。

(6)安装引伸计。引伸计靠两个刀口嵌入试样表面随试样同步变形,安装时使用橡皮筋将刀口紧压在试样表面,安装时动作要轻巧小心,确认安装牢固后方可拔掉定位销。

(7)开始实验。单击屏幕桌面上的"实验操作"按钮,再单击"开始试验"按钮,实验即开始。电子程控试验机的实验过程是程序自动控制完成的,实验开始后桌面上将显示实验者预先设定的荷载与变形的关系曲线,并即时显示预设的相关参数,一直到变形达到预设的报警值,计算机将提醒实验者摘除引伸计。引伸计摘除后,显示曲线改为力与位移的关系,直到试样破坏,实验自动停止,程序将提示实验者下一步操作的内容。若不希望试样断裂破坏,则单击"停止试验"按钮终止试验。

若在"可选计算项目"框内选择了"断面收缩率""断后伸长率"选项,则试样断裂后,计算机将提醒实验者测量断口直径和标距段断后长度,并输入计算机。

有关试验机操作的详细步骤,参阅本书附录 C。

(8)注意事项。低碳钢拉伸实验是试样破坏性试验,不能返工重复,因此实验开始前应按照上述步骤仔细做好实验准备工作,确信已准备就绪后,应请指导教员检查认可,以保证实验成功。

实验过程中若发现异常,应单击"暂停试验"按钮,并请指导教员协助检查。查清问题并排除故障后,方可继续进行实验。

需要重点指出的是加载速度问题。拉伸实验是静载实验,实验过程中应使试样的变形匀速增长,不产生惯性。国家标准规定的拉伸速度:屈服前,应力增加速度为 $10\ \mathrm{N\cdot mm^{-2}\cdot s^{-1}}$ $(1\ \mathrm{kgf\cdot mm^{-2}\cdot s^{-1}})$;屈服后,试验机活动夹头在负荷下的移动速度不大于 $0.5d_0$/min。程控试验机的加载速度是预先设定的定值,根据以上要求,实验速度应控制在 0 ~ 4 mm/min 之间,当实验速度小于 1 mm/min 时,较符合屈服前弹性阶段的要求,但是屈服后的实验过程耗时略显长;当实验速度大于 3 mm/min 时,屈服前的弹性变形阶段过快,不利于观察分析,一般推荐实验速度为 2 mm/min,较好地顾及到了屈服前、后的变形。

六、实验结果分析

低碳钢试样(Q235)的拉伸 P-ΔL 曲线如图 2 - 8 所示,在图中 OB'段,力与变形呈直线关系,称为线性段,在此阶段内,试样呈现弹簧的性质,即拉力与伸长保持固定的比例,该阶段的任何一个时刻,假若荷载卸去,试样将弹回到原始长度,考虑到工程结构的绝大部分为反复受力结构,因此,工程结构中的钢材受力状态,必须保持在该弹性阶段,事实上,结构设计中的许用应力(又称许用载荷)[σ]正是据此确定的,相应于弹性阶段的最大荷载称为弹性极限 δ_p,也称为比例极限,与屈服极限 δ_s 差别很小。

常用工程钢材的一个显著受力特征是屈服现象,如图 2-8 所示的 BC 阶段,在此阶段不用继续加大拉力,变形就会持续发生,或拉力会出现小幅下降,但随后又小幅上升,如此反复多次,拉力与变形的关系表现为一段波浪线或锯齿状曲线段。屈服的本质是组成钢材的微观晶格之间的粘接面出现滑移,这是一种不可逆的变形,宏观称为塑性变形,若试样表面足够光滑,此时可观察到试样表面出现 45°滑移线(见图 2-9)。试样进入屈服阶段,变形比起弹性阶段显著加速,但是施加在试样上的载荷却不增加,有时还会略有下降,这种下降的最低点称为最小屈服载荷 P_s。借助于计算机上自动绘出的载荷-变形曲线可以更好地判断屈服阶段的特性。对于 Q235 钢来说,屈服时的曲线如图 2-10(a)所示,$P_{s上}$ 称为上屈服载荷,与锯齿状曲线段最低点相应的最小载荷 $P_{s下}$ 称为下屈服载荷。由于上屈服载荷随试样过渡部分的不同而有很大差异,而下屈服载荷则基本一致,因此,拉伸试验国家标准中规定:以下屈服载荷来计算屈服极限,即$\sigma_s = P_{s下}/A_0$。有些材料屈服时的 P-ΔL 曲线基本上是一个平台的曲线而不是呈现出锯齿形状,如图 2-10(b)所示。

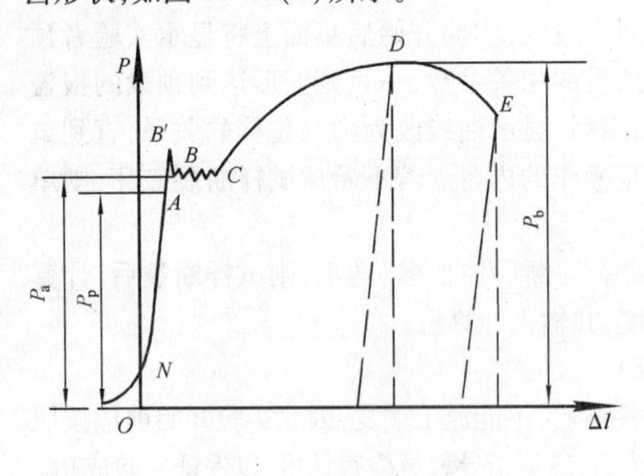

图 2-8 低碳钢拉伸图

图 2-9 低碳钢拉伸屈服时的滑移线

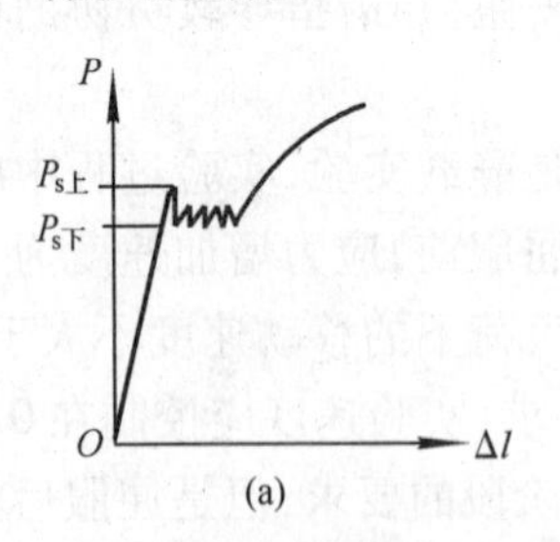

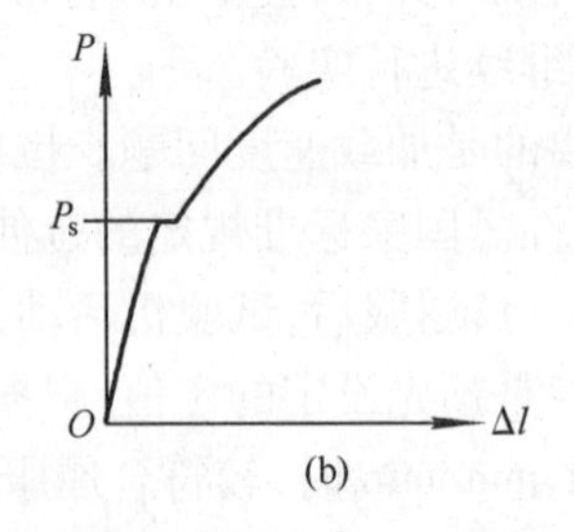

图 2-10 不同钢材的屈服图

屈服阶段结束以后,试样在拉力作用下继续变形,载荷-变形曲线开始上升,其物理本质可解释为,晶格间的相对滑移实质上是一种晶格之间连接形式的再组合,每一种组合都形成钢材此时特有的抗力。当经过一系列反复组合使晶格之间的连接达到了最佳组合时,钢材的抗力增强,变形又呈现出一定的弹性,这种现象称为强化现象,如图 2-8 所示的 CD 段即是强化阶段。

随着实验的继续进行,载荷-变形曲线将渐趋平缓。当载荷达到最大载荷 P_b 之后,施加在试样上的载荷自动由慢到快地下降,载荷下降的原因是载荷达到最大值后,标距范围内的某一个略为薄弱截面,首先失去抵抗力,迅速的产生破坏变形,并伴随着受拉截面直径迅速减小,此种现象称为“颈缩”(见图 2－11),随后试样在颈缩处断裂。

低碳钢的断口一端呈凸状(见图 2－12),一端呈凹状,产生这种现象的原因是轴向拉伸时,试样的核心部分承受三向受拉,材料在这种受力状态下,先于试样的表皮部分呈现脆性断裂破坏,而表皮部分的材料单向受拉,断裂前的塑性变形远大于核心部分材料。

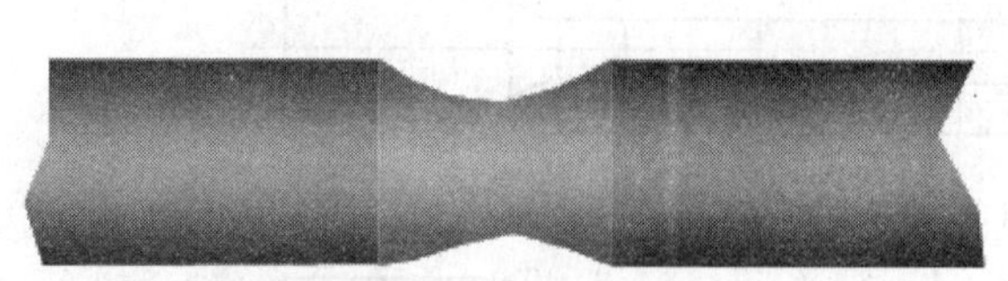

图 2－11　“颈缩”现象　　图 2－12　断口的凸端

根据测得的屈服载荷 P_b,可以按 $\sigma_b = P_b/A_0$ 计算出强度极限 σ_b。只要在实验前预先设定,以上涉及的全部数据都可以由程序自动完成。

材料从屈服至达到最大载荷的曲线上升阶段称为强化阶段。如果在这一阶段的某一点处进行卸载,则可以在 P-ΔL 图上得到一条卸载曲线,实验表明,它与曲线的起始直线部分基本平行。卸载后若重新加载,加载曲线则沿原卸载曲线上升直到该点,此后曲线基本上与未经卸载的曲线重合,这就是冷作硬化效应。

DAN100 型电子程控材料试验机所使用的自动程序不包括卸载曲线的绘制,若要进行冷作硬化效应实验,需要手动操作,具体的做法:首先在参数设置时(单击“控制与采集”按钮,在激活断裂检测项目下)将“断裂灵敏度”与“断裂阈值”设为一个略大于零的数值,例如断裂灵敏度设为5%,断裂阈值设为50 N,然后在强化阶段的某一时刻(在图 2－8 曲线的 CD 段内)单击“暂停”按钮,使用计算机上的软按钮(蓝三角),将活动横梁上升并密切观察显示屏上的载荷显示窗口,在力值显示接近断裂阈值时停止上升(再次单击“暂停”按钮),然后单击“实验开始”按钮(绿三角),实验将继续进行。

(一)试样断后标距部分长度 l_1 的测量

将试样拉断后的两段在拉断处紧密对接起来,尽量使其轴线位于一条直线上。若拉断处由于各种原因形成缝隙,则此缝隙应计入试样拉断后的标距部分长度内。

l_1 用下述方法之一测定,以长试样为例,如图 2－13(a)所示。

1. 直测法

如果断口位置处于中间四个分化格内,则可直接测量两端点间的长度,如图 2－13(b)所示。

2. 断口移位法

如果断口不在中间四格内,则又分为以下两种情况:

(1)断口在分化线上,则数出断口 O 到短端 A 的格数,再从断口向长端数出相同的格数,记为 B 点,将长端 B 以外剩余格数除以 2,得 C 点,分别记 AB 段长为 a,BC 段长为 b 时,$l_1 = a + 2b$,如图 2－13(c)所示。

(2)断口不在分化线上,此时 B 以外的剩余格数位为奇数,则此奇数减 1 后除 2,得 C 点,加 1 后除 2 得 C_1 点,记 BC 为 b_1,BC_1 为 b_2,$l_1 = a + b_1 + b_2$,如图 2－13(d)所示。

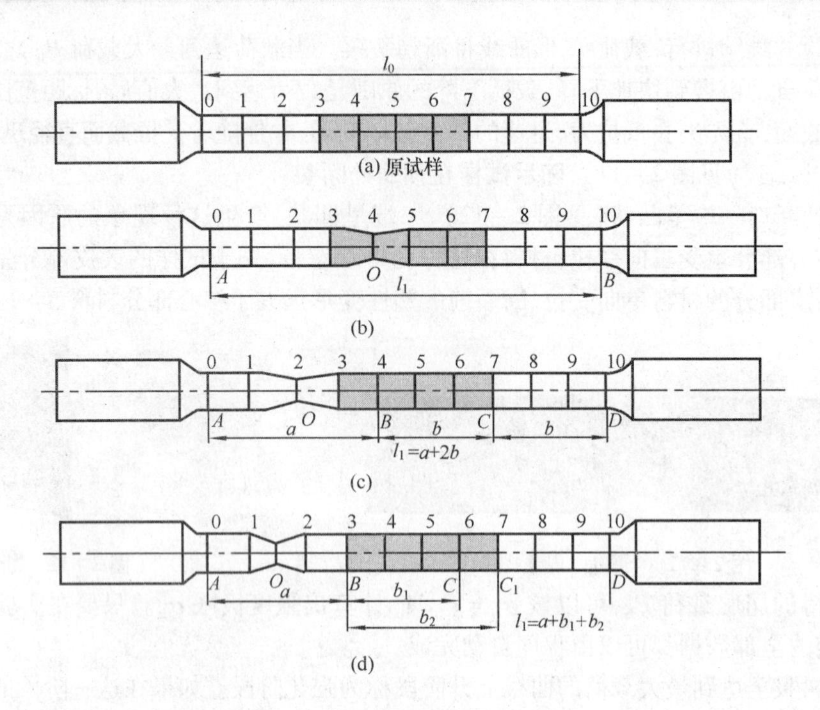

图 2－13　断口移位法示意图

测量了 l_1，按下式计算伸长率，即

$$\delta=\frac{l_1-l_0}{l_0}\times100\%$$

式中　l_0——试样的原始标距长度，单位为 mm；

l_1——试样拉断后的标距长度，单位为 mm。

短、长比例试样的伸长率分别以 δ_5、δ_{10} 表示。

（二）拉断后缩颈处截面积 A_1 的测定

圆形试样在缩颈最小处两个相互垂直方向上测量其直径，用两者的算术平均值作为断口直径 d_1 来计算其 A_1。断面收缩率按下式计算：

$$\psi=\frac{A_0-A_1}{A_0}\times100\%$$

式中　A_1——试样拉断后细颈处最小横截面积，单位为 mm^2；

A_0——试样的原始横截面积，单位为 mm^2。

最后，在进行数据处理时，按有效数字的选取和运算法则确定所需的位数，所需位数后的数字，按四舍六入五单双法处理。

（三）灰铸铁试样的拉伸实验

灰铸铁这类脆性材料拉伸时的载荷-变形曲线，如图 2－14所示。它不像低碳钢拉伸曲线那样可明显地分出线性、屈服、颈缩、断裂等四个阶段，而是一条非常接近直线的曲线，并且没有下降段。灰铸铁试样是在非常微小的变形情况下突然断裂的，断裂后几乎测不到残余变形。注意到这

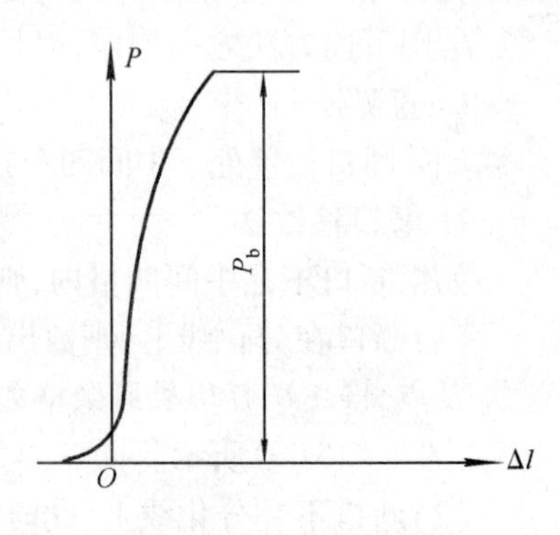

图 2－14　铸铁拉伸图

些特点可知，灰铸铁不具有 σ_s，并且测定它的 δ 和 ψ 也没有实际意义。这样，灰铸铁拉伸实验只需设定最大拉伸力，测定它的强度极限 σ_b 就可以了。

测定强度极限 σ_b 可取制备好的试样，只测出其截面积 A_0，然后装在试验机上逐渐缓慢加载直到试样断裂，记下最后载荷 P_b，据此即可算得强度极限 $\sigma_b=\dfrac{P_b}{A_0}$，其操作方法同前述低碳钢拉伸试验，若欲测定灰铸铁的弹性模量，则需要安装引伸计，测取标距 l_0 内的变形，方法如前所述。

七、思考题

(1)由拉伸实验所确定的材料力学性能数值有何实用价值?

(2)为什么拉伸实验必须采用标准试样或比例试样？材料和直径相同而长短不同的试样，它们的延伸率是否相同?

实验二　低碳钢和铸铁压缩实验

一、实验目的

测定压缩时低碳钢的屈服极限 σ_s 和铸铁的强度极限 σ_b。

二、实验设备和仪器

(1)万能材料试验机。

(2)游标卡尺。

三、实验方法和步骤

低碳钢和铸铁等金属材料的压缩试样一般制成圆柱形，高 h_0 与直径 d_0 之比在 1 ~3 的范围内。目前常用的压缩实验方法是两端平压法。应用这种压缩实验方法，试样的上、下两端与试验机承垫之间会产生很大的摩擦力，它们阻碍着试样上部及下部的横向变形，导致测得的抗压强度要比较实际偏高。当试样的高度相对增加时，摩擦力对试样中部的影响就会变小，因此抗压强度与比值 h_0/d_0 有关。由此可见，压缩实验是与实验条件有关的。为了在相同的实验条件下，对不同材料的抗压性能进行比较，应对 h_0/d_0 的值作出规定。实践表明，此值取在 1 ~3 的范围内为宜。若小于 1，则摩擦力的影响太大；若大于 3，虽然摩擦力的影响减小，但稳定性的影响却较为突出。

为了保证正确地使试样中心受压，试样两端面必须平行及光滑，并且与试样轴线垂直。实验时必须要加球形承垫，如图 2 –15 所示，它可位于试样上端，也可以位于下端。球形承垫的作用是：当试样两端稍不平行，它可起调节作用。低碳钢试样压缩时同样存在弹性极限 δ_p(比例极限)和屈服极限 δ_s，而且数值和拉伸所得的相应数值差不多，但是在屈服时却不像拉伸那样明显。

从进入屈服开始，试样塑性变形就有较大的增长，试样截面面积随之增大。由于截面面积的增大，要维持屈服时的应力，载荷也就要相应增大。因此，在整个屈服阶段，载荷也是上升的，在载荷显示窗口上看不到数值下降现象，这样，只能从拉伸图上判定压缩时的屈服极限 δ_s，计算机程序是根据设定的载荷与位移关系判定屈服的。

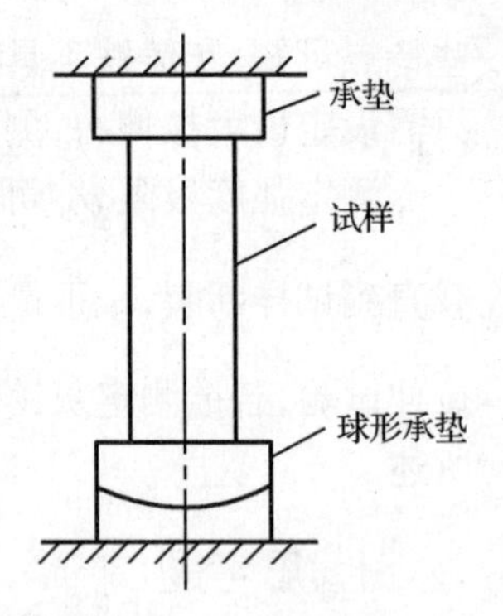

图 2－15　球形承垫图

在位移显示窗口中，数值是按设定的速度均匀上升的，当材料发生屈服时，荷载显示窗口的数值上升速度将开始减慢，这时所对应的载荷即为屈服载荷 P_s。屏幕上绘出的压缩曲线有明显的拐点。

超过屈服阶段之后，低碳钢试样由原来的圆柱形逐渐被压成鼓形，如图 2－16 所示。继续不断加压，试样将越压越扁，但总不破坏，所以，低碳钢不具有抗压强度极限（也可将它的抗压强度极限理解为无限大），低碳钢的压缩曲线也可以证实这一点，低碳钢的压缩图，即 P-ΔL 曲线如图 2－17 所示。

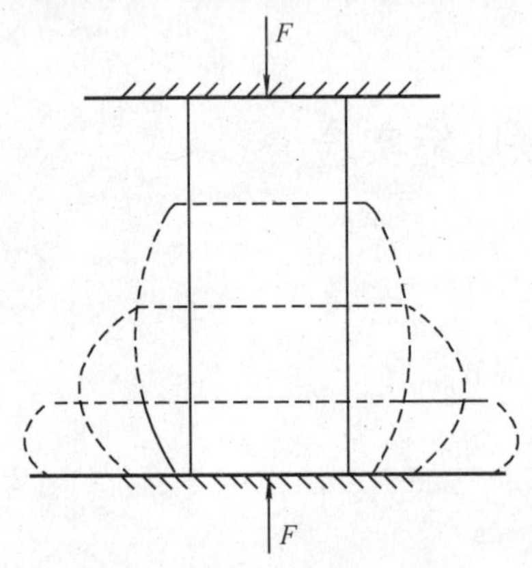

图 2－16　低碳钢压缩的鼓胀效应

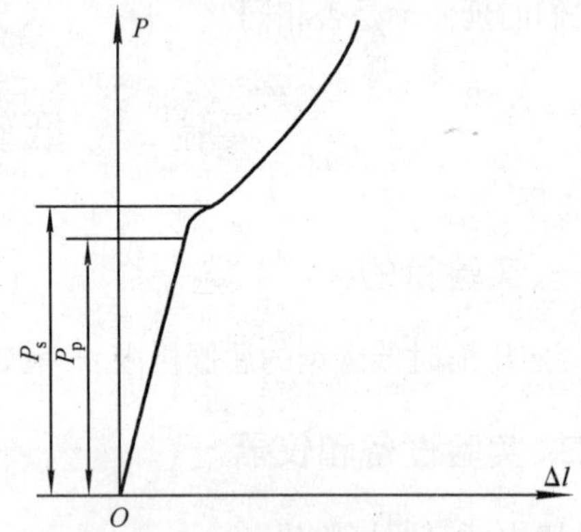

图 2－17　低碳钢压缩曲线

图 2－18（a）所示为灰铸铁压缩前的示意图，灰铸铁在拉伸时是属于塑性很差的一种脆性材料，但在受压时，试样在达到最大载荷 P_b 前将会产生较大的塑性变形，最后被压成鼓形而断裂。铸铁的压缩图（P-ΔL 曲线）如图 2－18（c）所示。

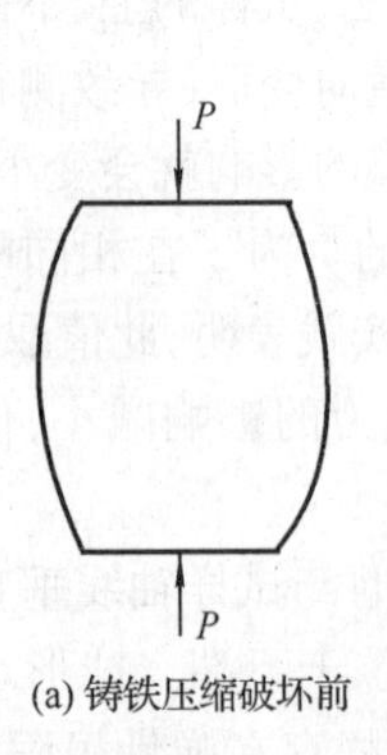

(a) 铸铁压缩破坏前

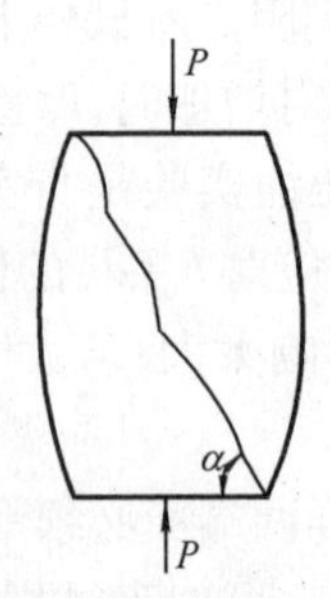

(b) 铸铁压缩破坏断口

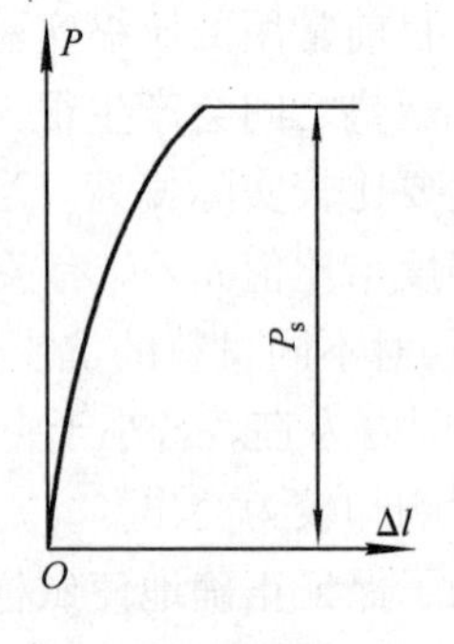

(c) 压缩曲线

图 2－18　灰铸铁的压缩实验图

灰铸铁试样的断裂有两个特点：一是断口为斜断口，如图 2－18（b）所示；二是按 P_b/A_0 求得的 σ_b 远比拉伸时的大，大致是拉伸时的 3 ~4 倍。为什么像灰铸铁这种脆性材料的抗拉、抗压能力相差这么大呢？这主要与材料本身情况（内因）和受力状态（外因）有关。单轴压缩时，在与压缩轴成45°的截面上剪力最大，所以铸铁压缩时会沿最大剪力斜截面被剪坏。假使测量铸铁受压试样斜断口倾角为α，则可发现α略大于45°且该截面不是最大剪力所在截面，这是由试样两端存在摩擦力造成的。

四、实验步骤

1. 低碳钢试样的压缩实验

(1)测定试样的截面尺寸。用游标卡尺在试样高度中央取一处进行测量，沿两个互相垂直的方向各测一次取其算术平均值作为截面直径d_0来计算截面面积A_0；用游标卡尺测量试样的高度。

(2)实验参数的调整。输入试验机操作指令，方法同拉伸实验，只是在选择参数时，选定相应的压缩参数。如上所述，低碳钢压缩只有一个屈服荷载可选择。

(3)安装试样。将试样准确地放在试验机活动平台承垫的中心位置上。

(4)调整间隙。压缩试样安装后，上夹头与试样顶面之间存在一定间隙，调整此间隙时严禁使用立柱上的“调整”按钮，应在设定试验机操作参数时，在“控制与采集”界面上设定调整速度，并将第一项选为“消除间隙后自动清零”。

(5)进行实验。单击“开始试验”按钮，注意观察屏幕上的输出窗口和曲线，当确定屈服阶段结束后，单击“结束试验”按钮(红色)，按照屏幕的提示进行后续的实验数据处理。

2. 铸铁试样的压缩实验

铸铁试样压缩实验的步骤与低碳钢压缩实验基本相同，但不测屈服载荷而测最大载荷。此外，加载速度宜选择低速加载，例如1.0 mm/min，使试样破坏过程尽量缓慢；以免在实验过程中因试样飞出而伤及他人。

五、思考题

(1)铸铁的破坏形式说明了什么？

(2)低碳钢和铸铁在拉伸和压缩时力学性能有何差异？

实验三　剪切实验

一、实验目的

(1)测定低碳钢剪切时的强度性能指标：抗切强度τ_b。

(2)测定灰铸铁剪切时的强度性能指标：抗切强度τ_b。

(3)比较低碳钢和灰铸铁的剪切破坏形式。

二、实验设备和仪器

(1)万能材料试验机。

(2)剪切器。

(3)游标卡尺。

三、实验试样

常用的剪切试样为圆形截面试样。

四、实验原理和方法

把试样安装在剪切器内，用万能试验机对剪切器的剪切刀刃施加载荷，则试样上有两个横截面受剪，如图 2－19 所示。随着载荷的增加，剪切面上的材料经过弹性、屈服等阶段，最后沿两个剪切面被剪断，如图 2－20 所示。

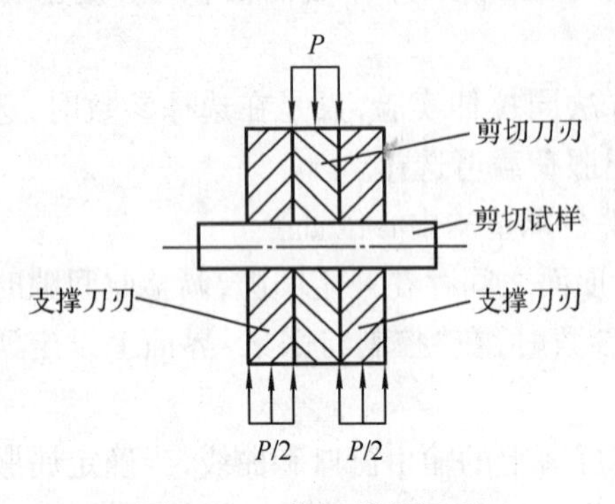

图 2－19　剪切器的原理

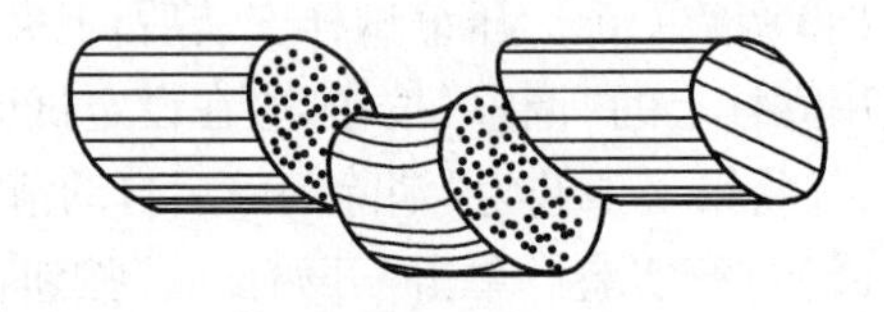

图 2－20　剪断后的试样

用万能试验机可以测得试样被剪坏时的最大载荷 P_b，抗切强度为

$$\tau_b = \frac{P_b}{2A}$$

式中　A——试样的原始横截面面积。

从被剪坏的低碳钢试样可以看到，剪断面已不再是圆，说明试样上受到挤压应力的作用。同时，还可以看出中间一段略有弯曲，表明试样承受的不是单纯的剪切变形，这与工程中使用的螺栓、铆钉、销钉、键等连接件的受力情况相同，故所测得的 τ_b 有工程实用价值。

图 2－21　剪切器实物

五、实验步骤

（1）测量试样的直径。选择两个受剪面，每个截面沿互相垂直方向测量，取平均数较小者作为该截面计算直径。

（2）在计算机上输入试验机操作指令，方法同压缩试验。

（3）将试样装入剪切器（见图 2－21）中。

（4）把剪切器放到万能试验机的压缩区间内。

（5）开始试验，方法同压缩试验。

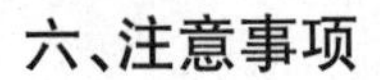

六、注意事项

铸铁试样在剪切过程中，当载荷达到极限载荷时，沿着两个截面被剪断，成为三段，如

图2－20所示，而低碳钢试样荷载达到极限值试样破坏时，虽然载荷开始下降，但试样并没有立刻截为三段，而是以塑性变形的形式继续粘连在一起，无法取出，此时需要保持载荷，使塑性变形持续发生，当变形大到足够程度时，试样才彻底断为三段。

七、思考题

比较低碳钢和灰铸铁被剪断后的试样，分析破坏原因。

实验四　扭转实验

一、实验目的

（1）测定低碳钢的剪切屈服极限τ_s及剪切强度极限τ_b。

（2）测定铸铁的剪切强度极限τ_b。

（3）观察并比较低碳钢及铸铁试样扭转破坏的情况。

二、实验设备和仪器

（1）扭力试验机。

（2）游标卡尺。

扭力试验机是一种可对试样施加扭矩并能指示出扭矩大小和变形的机器。它的类型有好多种，构造也各有不同。下面介绍NWS500型扭转试验机（见图2－22）。

图2－22　NWS500型扭转试验机外形图

NWS500型扭转试验机由主机和计算机两部分组成，主机部分包括扭矩检测系统、扭角检测系统、交流调速系统三个主要单元以及相应的数据传输系统。试验机工作时由计算机给出指令，通过交流伺服系统控制交流电动机的转速和转向，经减速后传递到主轴箱带动夹头转动,对试样施加扭矩,同时由扭矩传感器和转动变形传感器输出参量信号 M_n 和 φ,并将两者的关系反映在计算机屏幕上。

三、实验原理

NWS500 型扭转试验机常规实验使用的是圆形截面试样,教学实验采用低碳钢 Q235 和灰铸铁 TQ16 各一根。

将试样装在扭力试验机上,开动机器,给试样加扭矩。由材料力学理论可知,在外力矩 M 作用下,圆轴横截面上只有平行于横截面的剪应力作用,圆轴表面上的微元体上的应力如图 2－23所示。在如此受力状态下,圆轴将只发生圆周方向的剪切变形。利用试验机的数据自动采集系统与绘图软件,可在计算机屏幕上直接显示 M_n-φ 曲线(又称扭转图)。低碳钢试样的 M_n-φ 曲线如图 2－24 所示。图中起始直线段 OA 表明试样在这阶段中的 M_n 与 φ 成比例,截面上的剪应力呈线性分布,如图 2－25(a)所示。

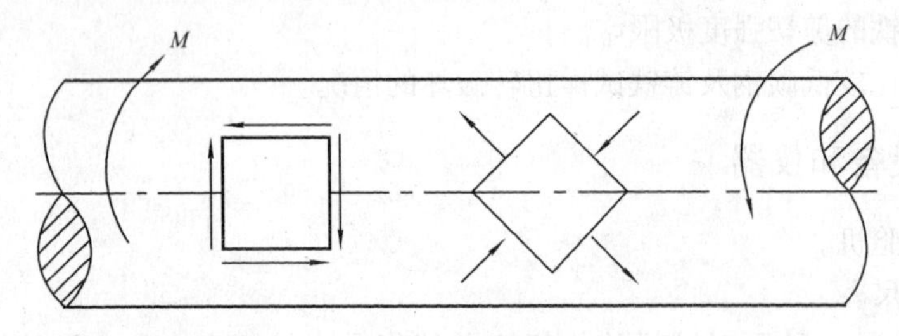

图 2－23　圆周扭转时表面微元体的受力状态

在比例极限以内,材料的剪应力τ与剪应变 γ 成正比,即满足剪切胡克定律

$$\tau = G\gamma$$

式中　G——材料的切变模量。

由此可得出圆轴受扭时的胡克定律表达式为

$$\varphi = \frac{M_n l_0}{GI_p}$$

式中　M_n——扭矩;

l_0——试样的标距长度;

I_p——圆截面的极惯性矩。

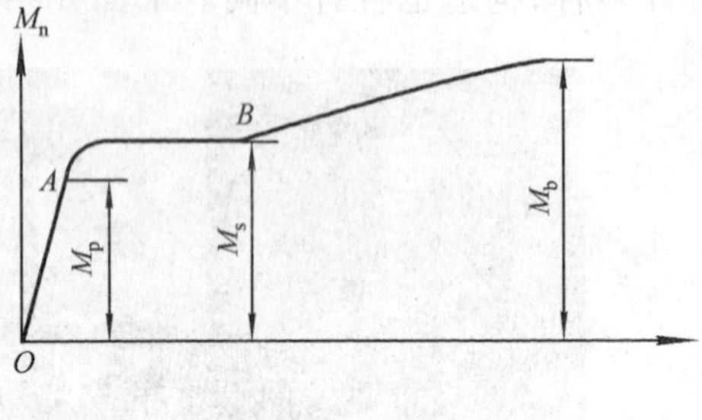

图 2－24　低碳钢试样扭转图 M_n-φ 曲线

在 M_n 从零逐渐加大的初始阶段,M_n-φ 曲线往往呈现一定的非线性,这是由于试样内存在初始应力(一般是加工应力)和试验机夹头夹持不牢造成的,称为初始非线性;在 M_n 接近 M_P 的阶段,M_n-φ 曲线又逐渐呈现非线性,而且越来越严重,这时称为材料非线性,只有在中间的大约三分之一部分,M_n-φ 曲线保持较好的线性关系,即材料的弹性变形阶段,在这一段直线上,截取一个扭矩荷载增量 ΔM_n,测出相距为 l_0 的两个截面之间相应于 ΔM 的相对扭转角增量 $\Delta\varphi$,代入上式可算出切变模量 G,即

$$G = \frac{\Delta M_n l_0}{\Delta\varphi I_p}$$

在点 A 处,M_n 与 φ 的比例关系开始破坏,此时截面周边上的剪应力达到了材料的剪切屈服

极限τ_s，相应的扭矩记为M_P。由于这时截面内部的剪应力尚小于τ_s，故试样仍具有承载能力，M_n-φ 曲线呈继续上升的趋势，如图 2－25(a)所示。扭矩超过M_P后，截面上的剪应力分布发生变化，如图 2－25(b)所示。在截面上出现了一个环状塑性区，并随着M_n的增长，塑性区逐步向中心扩展，M_n-φ 曲线稍微上升，直到点处 B 处趋于平坦，截面上各材料完全达到屈服，扭矩显示窗口的数值几乎不变化，此时指示出的扭矩或小幅下降时的最小值即为屈服扭矩M_s，如图 2－25(c)所示。根据静力平衡条件，可以求得τ_s与M_s的关系为

$$M_s = \int_A \rho \tau_s \mathrm{d}A$$

式中　A—— 环状横截面面积，单位为 mm^2。

将 $\mathrm{d}A$ 用 $2\pi\rho\mathrm{d}\rho$ 表示，则有

$$M_s = 2\pi \tau_s \int_0^{\frac{d}{2}} \rho^2 \mathrm{d}\rho = \frac{4}{3}\tau_s W_n \tag{2-1}$$

故剪切屈服极限

$$\tau_s = \frac{3M_s}{4W_n}$$

式中　W_n——试样的抗扭截面模量，即 $W_n = \frac{\pi d^3}{16}$，单位为 m^3 或 mm^3。

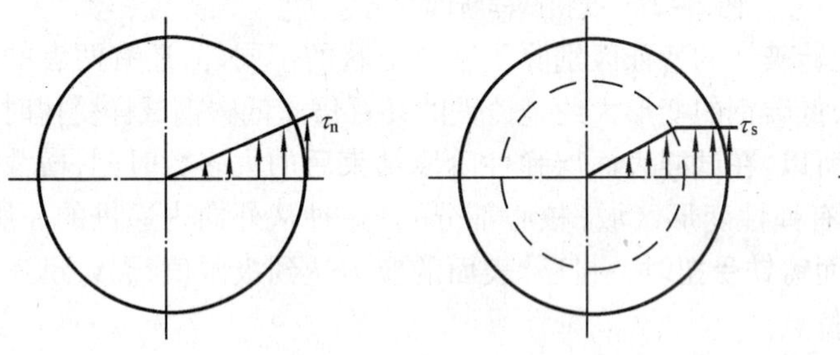

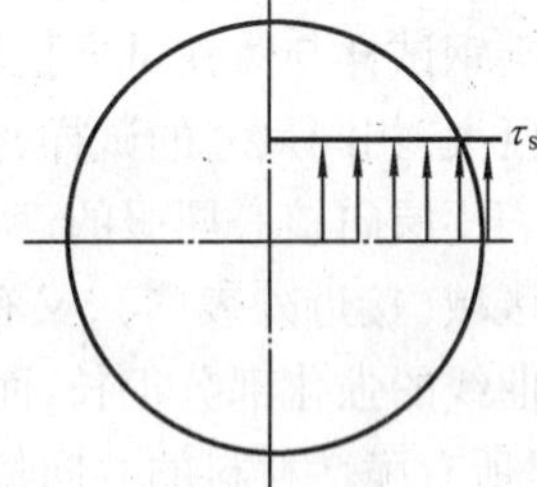

（a）$M_n<M_p$时的剪应力分布　（b）$M_s>M_n>M_p$时的剪应力分布　（c）$M_n=M_s$时的剪应力分布

图 2－25　截面上剪应力分布图

继续给试样加载，试样继续变形，材料进一步强化。当达到 M_n-φ 曲线上的点 C 时，试样被扭断。由传感器记录下的最大扭矩 M_b，与公(2－1)相比较，可得剪切强度极限

$$\tau_b = \frac{3M_b}{4W_n} \tag{2-2}$$

铸铁为金属中的脆性材料，在受扭时也无屈服现象，从开始受扭，直到破坏，横截面上的剪应力始终如图 2－25(a)所示。铸铁的 M_n-φ 曲线如图 2－26 所示。近似为一条直线，按弹性应力公式，其剪切强度极限

$$\tau_b = \frac{M_b}{W_n} \tag{2-3}$$

金属试样受扭时，材料处于纯剪切应力状态，在垂直于杆轴和平行于杆轴的各平面上作用着剪应力，而与杆轴成45°的螺旋面上，则分别只作用着 $\sigma_1 = \tau$、$\sigma_3 = -\tau$ 的正应力，如图 2－27 所示。

由于低碳钢的抗拉能力高于抗剪能力，故试样沿横截面剪断如图 2－28(a)所示，而铸铁的抗拉能力低于抗剪能力，故试样从表面上某一最弱处沿与轴线成 45°方向拉断成一螺旋面，如图 2－28(b)所示。

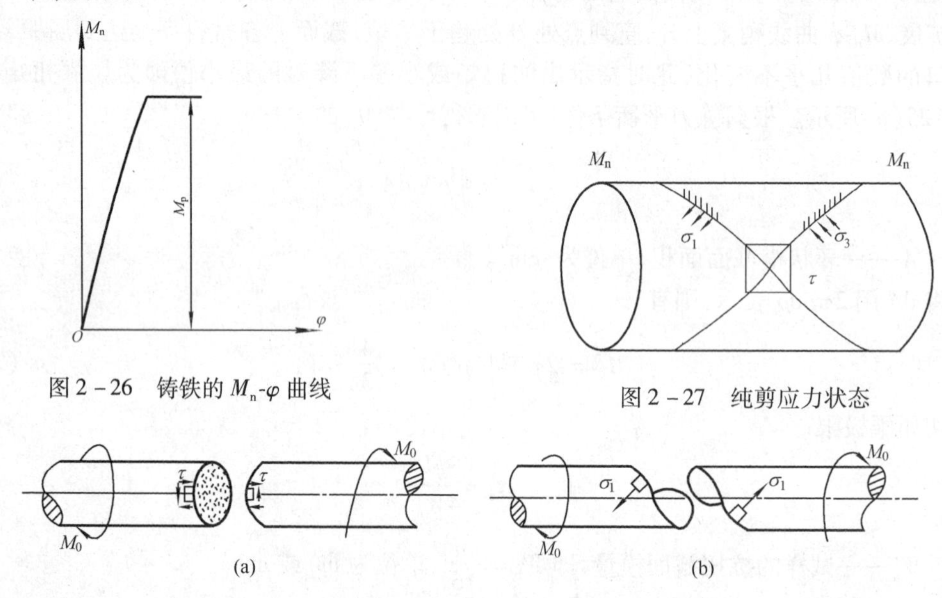

图 2－26　铸铁的 M_n-φ 曲线

图 2－27　纯剪应力状态

图 2－28　受扭试样断口

低碳钢试样与铸铁试样扭转破坏的特征区别除了断口形状的不同外，还有两者的断前变形差距巨大，相同尺寸的试样，低碳钢的变形大约是铸铁的几百倍。低碳钢试样受扭时的屈服是从外表逐层向核心屈服的，所以，在试样表面层弹性阶段结束后的大多数时刻，横截面上既有屈服区域（接近外表面），又有弹性变形区域（核心部分）。这种从外向内递进的屈服方式，使扭转曲线的强化部分很长，而铸铁受扭时，一旦外表面的应力达到极限值，裂纹迅速向内扩展，这是所有脆性材料的共同特点。

四、实验步骤

(1)用游标卡尺分别测量两根试样直径，求出抗扭截面模量 W_n。在试样的中央和两端共三处，每处测一对正交方向，取平均值作为该处直径，然后取三处直径最小者作为试样直径 d，并据此计算 W_n。

(2)根据求出的 W_n，再查本书附录 F 中试样材料的 τ_b，求出大致需要的最大载荷，确定所用试样是否适合本试验机。

(3)将试样两端装入试验机的夹头内，在计算机上输入相应的试验参数。具体输入方法如下：

① 打开计算机电源，打开试验机主机上的控制器电源。

② 双击桌面上的 TestExpert. NET1. 0 图标启动实验程序。

③ 单击“登录”按钮，进入程序主界面。

④ 单击主界面上的“联机”按钮，然后单击“启动”按钮（绿色），此时控制器的“启动”绿灯应亮起。

⑤ 使用手控盒或程序移动夹头夹持试样。

⑥ 单击屏幕最上端“选项”行的“方法”按钮，在弹出的“选项”窗口中选择“金属棒材扭转实验”选项。

首先，单击左侧的“基本设置”按钮，然后从上到下选定左端窗口的参数。

其次，在“可选计算项目”框内，参照前述扭转实验目的选择本次实验的计算项目，并将选定的内容移至“已选项目”框内，常规的低碳钢扭转实验应选择“屈服点”“屈服扭矩”“最大扭矩”“抗扭强度”“切变模量”“极惯性矩”等参数；铸铁试样无屈服，不选择前面两项。

然后，单击“设置报告标题”按钮，按照提示输入“主标题”“副标题一”“副标题二”。“主标题”一般为实验名称，例如“低碳钢扭转实验”；“副标题一”一般为单位名称，例如“理学院八队”；“副标题二”则为实验者姓名。

单击左侧“设备及通道”按钮进入选择界面，首先确定是否使用引伸计或选定引伸计类型，输入引伸计的标距和量程参数，选定摘除引伸计的方法；其次在右侧框内选定测量通道并设定测量值的单位和小数位数。

单击“控制与采集”按钮，首先确认左侧的设定为“夹头转角控制”；其次在右侧框内自上而下选定控制参数，一般的扭转实验为“实验前消除间隙后自动清零”，“夹头初始转动方向”为顺时针，“采用频率”为 10 Hz，低碳钢试样“实验速度”拟选择 360 °/min，铸铁试样拟选择 36 °/min，“调节间隙速度”为 360 °/min，同时激活“断裂检测”功能。

单击界面下部的“设置通道显示”按钮，选定实验过程中屏幕显示项目，并将其移至已选显示通道，扭转实验宜选择“扭矩”“夹头转角”“时间”作为显示项目。

最后，单击“设置实施曲线”按钮，将 Y 轴设为扭矩（荷载），X 轴设为夹头转角。

⑦ 用粉笔在试样表面上画一纵向线，以便查看试样的扭转变形情况。

⑧ 开始实验。单击桌面上的“实验操作”按钮，各通道清零（在各通道的显示表头上右击，弹出一个快捷菜单），再单击“开始试验”按钮，实验即开始。

实验过程是程序控制自动完成的，实验开始后桌面上将显示实验者预先设定的扭矩与扭转角的关系曲线，并即时显示预设的相关参数，一直到试样破坏，程序将提示实验者下一步操作内容。若试样无断裂性的破坏变形特征，则单击“停止试验”按钮终止试验。

五、思考题

（1）低碳钢与铸铁试样破坏的情况有哪些不同？为什么？

（2）根据拉伸、压缩和扭转三种试验结果，综合分析低碳钢与铸铁的力学性能。

实验五　剪切弹性模量 G 的测定

一、实验目的

（1）测定低碳钢材料的剪切弹性模量 G。

（2）验证材料受扭时在比例极限内的剪切胡克定律。

二、实验设备和仪器

(1)扭转试验机。
(2)游标卡尺。
(3)扭角仪和千分表。

三、实验原理

圆轴受扭时,材料处于纯剪切应力状态。在比例极限范围内,材料的剪应力τ与剪应变γ成正比,即满足剪切胡克定律:

$$\tau = G\gamma$$

由此可得出圆轴受扭时的胡克定律表达式:

$$\varphi = \frac{M_n l_0}{GI_P} \tag{2-4}$$

式中 M_n——扭矩,单位为 N·m;
l_0——试样的标距长度,单位为 m 或 mm;
I_P——圆截面的极惯性矩,单位为 m^4 或 mm^4。

通过扭转试验机,对试样采用“增量法”逐级增加同样大小的扭矩ΔM_n,相应地由扭角仪测出相距为l_0的两个截面之间的相对扭转角增量$\Delta\varphi_i$。如果每一级扭矩增量所引起的扭转角增量$\Delta\varphi_i$基本相等,这就验证了剪切胡克定律。根据测得的各级扭转角增量的平均值$\Delta\varphi$,可用式(2-5)算出剪切弹性模量

$$G = \frac{\Delta M_n \cdot l_0}{\Delta\varphi \cdot I_P} \tag{2-5}$$

扭转试验机上的测角传感器测出的是整个试样工作长度L_0的扭转角,所以当取试样的整个工作长度L_0时,可直接使用位移输出$\Delta\Phi$代入式(2-5),但是考虑夹持段对靠近它的工作段的影响,应在远离夹持段的部位取l_0,用扭角仪测量标距段l_0上的转角$\Delta\varphi$,代入式(2-5)进行计算。

扭角仪的种类很多,按其结构来分,有机械式、光学式和电子式等。但它们的基本原理是相同的,都是将试样某截面圆周绕其形心旋转的弧长与其另一截面圆周绕其形心旋转的弧长之差进行放大后再测读,现以千分表(机械式)扭角仪(见图2-29)为例进行讲解。

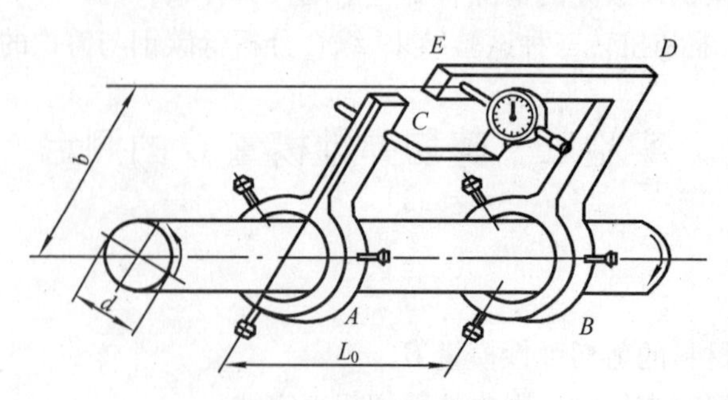

图2-29 扭角仪的安装

当试样受扭时,固夹在试样上的 AC、BDE 杆就会绕试样轴转动,曲杆 BDE 就会使安装在 AC 杆上的千分表指针走动。设指针走动的位移为 δ,千分表推杆顶针处 E 到试样的轴线的距离为 b,则 A、B 截面的相对扭转角为

$$\varphi = \frac{\delta}{b}$$

需要注意的是,这样计算出来的 φ 的单位为弧长。

四、实验步骤

(1)测量试样直径 d。在试样的标距内,用游标卡尺测量中间和两端等三处直径,每处测一对正交方向,取平均值作为该处直径,然后取三处直径最小者作为试样直径 d,并据此计算 I_P。

(2)拟定加载方案。在 4 ~20 N·m 的范围内分 4 级进行加载,每级的扭矩增量 ΔM_n =4 N·m。

(3)安装扭角仪和试样。在试样的标距两端,装上扭角仪。先将试样的一端装入扭转试验机的固定夹头,然后将另一端装入主动夹头,拧紧夹紧螺栓,此步骤的要点是使扭转试验机主动夹头的平面处于水平位置,以防止夹紧后试样产生初始扭矩。

(4)用慢速施加扭矩到 20 N·m,记下 $\Delta\Phi$,与此同时,检查扭转试验机和扭角仪的运行是否正常,然后卸载到 4 N·m 以下少许,处于待命工作状态。

(5)分级测读数据。加载到 4 N·m 后,读取扭角仪上千分表的相应初读数。此后,每加载一级扭矩增量 ΔM_n,读取相应的千分表读数,直到扭矩增至 20 N·m 为止。

(6)结束工作。测读完毕,首先取下试样,然后卸下扭角仪。

(7)用两种不同的标距 l_0 和相应的扭转角分别计算 G,并将计算结果进行比较。

实验六　梁的弯曲正应力实验

一、实验目的

(1)掌握非电量电测法的基本原理和常用接线方法。

(2)测定梁纯弯曲时的正应力分布规律,并与理论计算结果进行比较,验证弯曲正应力公式。

二、实验设备和仪器

(1)BDCL 多功能试验台。

(2)CML-1H 系列应力-应变综合测试仪。

(3)游标卡尺、钢尺。

三、实验原理

(一)测量电桥原理简介

受力工程构件上的应力是无法直接测量的,常用测量应力的方法是测出该点的应变,再根

据胡克定律计算出应力。

构件的应变值一般很小，需要借助各种放大手段才能达到足够的精度，电测法的基本原理是在受测点上粘贴一段细小的金属丝，实用的细小金属丝被制成专用的敏感栅，称为电阻应变片，如图 2－30 所示。当构件变形时，带动粘附在构件上的应变片一起变形，将这一细小金属丝栅接入测量电路，记录下金属丝栅在受力前后的电阻变化率，可计算出金属丝栅的应变，以此代表粘贴点构件的应变。

粘贴在构件上的应变片的电阻变化率也很小，需要用专门仪器进行测量，测量应变片的电阻变化率的仪器称为电阻应变仪，其测量电路为惠斯顿电桥，如图 2－31 所示。

图 2－30 电阻应变片（放大图）

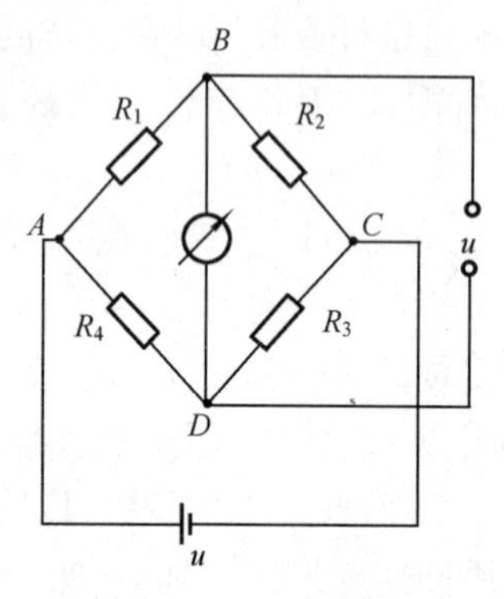

图 2－31 惠斯顿电桥

图 2－31 所示的电桥的四个桥臂的电阻分别为 R_1、R_2、R_3 和 R_4，在 A、C 端接电源，B、D 端为输出端。

在进行电测实验时，若将粘贴在构件上的四个相同规格的应变片同时接入测量电桥 R_1、R_2、R_3、R_4 的位置，当构件受力后，上述应变片感受到的应变分别为 ε_1、ε_2、ε_3、ε_4，相应的电阻改变量分别为 ΔR_1、ΔR_2、ΔR_3 和 ΔR_4，应变仪的读数为

$$\varepsilon_{\mathrm{d}}=\frac{4\Delta U}{KU}=\varepsilon_1-\varepsilon_2+\varepsilon_3-\varepsilon_4$$

以上为全桥测量的读数，如果是半桥测量，R_3 与 R_4 位置接入的是仪器内的精密无感电阻，测量过程中 ε_3、ε_4 始终为零，则读数为

$$\varepsilon_{\mathrm{d}}=\frac{4\Delta U}{KU}=\varepsilon_1-\varepsilon_2$$

本次试验采用的电路属于半桥测量，但是只有 R_1 是真正粘贴在受力构件上的，称为工作片。R_2 是粘贴在与构件相同的材质上，但不受力的同型号电阻片称为温度补偿片，所以，此种测量方法又称为 1/4 桥测量，或称半桥单臂测量。有关电测法更详细的说明，请参阅附录 B。

（二）弯曲正应力测量

已知梁受纯弯曲时的正应力公式为

$$\sigma=\frac{M\cdot y}{I_z}$$

式中 M——作用在截面上的弯矩，单位为 N·m；

I_z——横截面对中性轴 z 的惯性矩，单位为 cm^4；

y——中性轴到所测点的距离，单位为 mm。

本实验采用 45 钢制成的矩形截面梁（见图 2－32），弹性模量 $E=210$ GPa，长×宽×高＝

700 mm×20 mm×40 mm，简支梁跨距 620 mm，两加力点距离 320 mm，在梁承受纯弯曲段（两加力点间）的某一截面的外侧表面上，沿轴向贴上七个单向电阻应变片，垂直于梁轴一个，如图 2－32 所示，R_1 和 R_2 分别贴在梁的顶部和低部，R_3 距梁顶 5 mm，R_4 距梁顶 10 mm，R_5 在中性轴上，R_6 与 R_4 对称，R_7 与 R_3 对称，R_8 为横向应变。当梁受弯曲时，即可测出各点处的轴向应变（$i=1、2、3、4、5、6、7、8$）。由于梁的各层纤维之间无挤压，根据单向应力状态的胡克定律，求出各点的实验应力为

$$\sigma_{i实}=E\cdot\varepsilon_{i实}\qquad(i=1、2、3、4、5)$$

式中　E——梁材料的弹性模量。

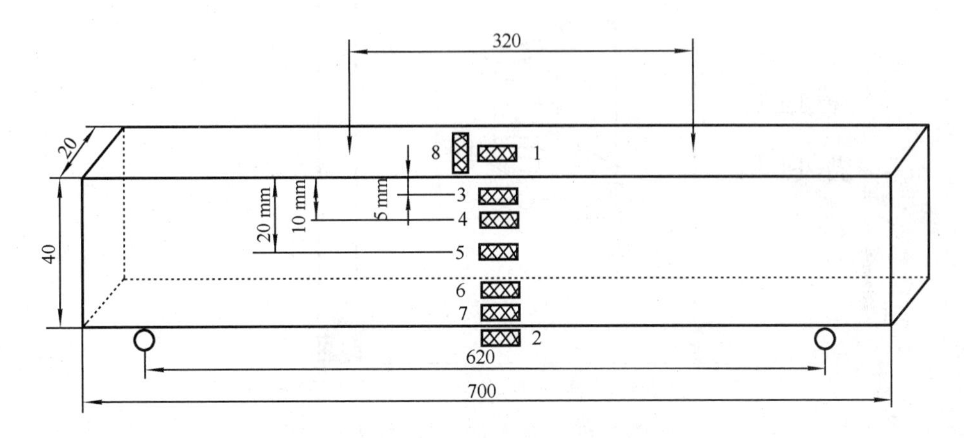

图 2－32　矩形截面梁

采用增量法等量逐级加载，每增加等量的载荷 ΔP，测得各点相应的应变增量为 $\Delta\varepsilon_{i实}$，求出 $\Delta\varepsilon_{i实}$的平均值$\overline{\Delta\varepsilon_{i实}}$，依次求出各点的应力增量 $\Delta\sigma_{i实}$为

$$\Delta\sigma_{i实}=E\cdot\overline{\Delta\varepsilon_{i实}}\tag{2-6}$$

把 $\Delta\sigma_{i实}$与理论公式算出的应力增量：

$$\Delta\sigma_{i理}=\frac{\Delta M\cdot y_i}{I_z}\tag{2-7}$$

加以比较从而验证理论公式的正确性。

从图 2－32 和图 2－33 的试验装置可知

$$\Delta M=\frac{1}{2}\Delta P\cdot a\tag{2-8}$$

其中，支座到加力点的距离为 150 mm。

四、实验步骤

（1）测量梁的截面尺寸、应变片位置及其他计算所需有关尺寸；打开 CML-1H 系列应力-应变综合测试仪的电源；计算截面惯性矩 I_z。

（2）检查仪器是否连接良好，按顺序将各个应变片按 1/4 桥接法接入应变仪的所选通道上，将温度补偿片接入补偿片通道上，如图 2－34 所示。

（3）综合测试仪参数标定设置（见图 2－35），参数标定设置分为以下两个部分：

① K 值修正，即应变片的灵敏系数设定。应变值显示界面称为测量界面，此时面板左侧

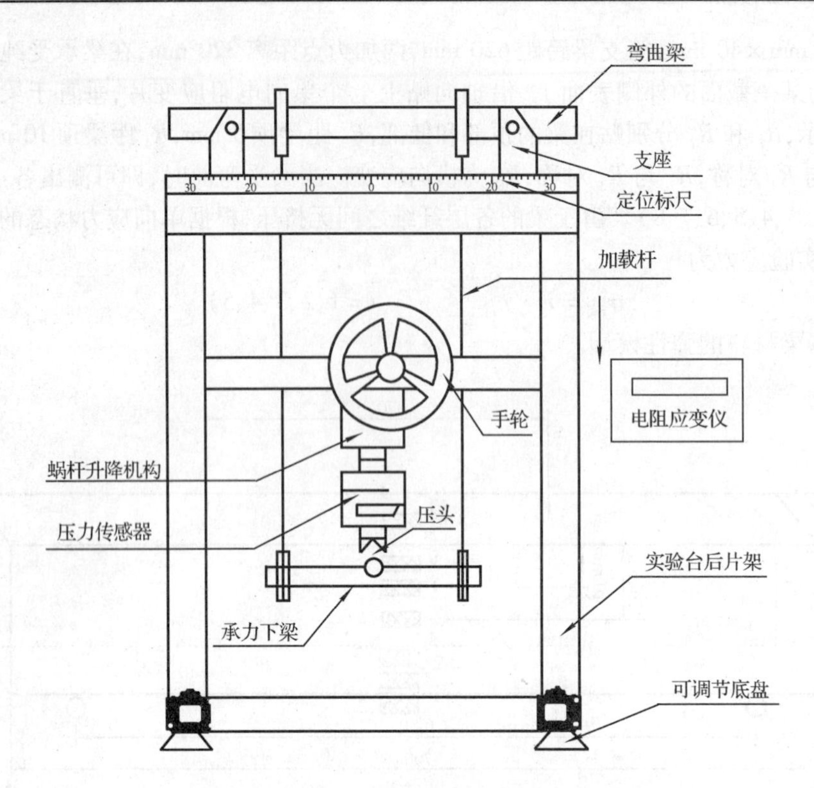

图 2－33 纯弯曲实验加载装置

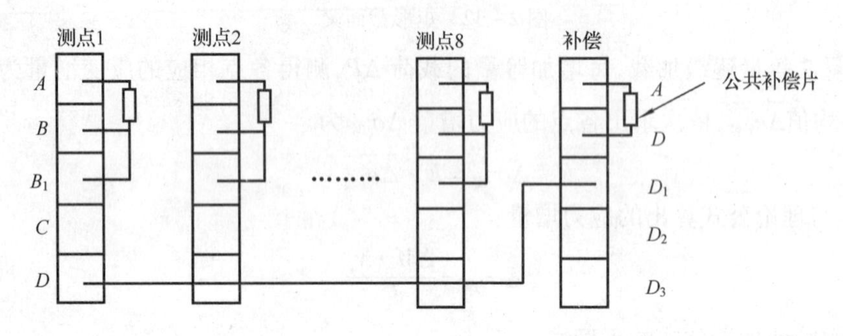

图 2－34 温度补偿方的接入图示

六个应变显示窗口全部显示(见图 2－35)；而 K 值显示界面则只有处于当前设置的通道有 K 值显示,其他窗口为关闭状态,如图 2－36 所示。

当应力表头显示测量界面时,按【K 值设定】键切换为 K 值修正界面,查看 K 值或对 K 值进行修正,即由数字键的输入对当前通道 K 值进行修正,例如,当前 K 值为 2.000,若输入四位数 1 999,则表头 K 值修正为 1.999,按【确定】键保存该通道的 K 值修正,并自动切换到下一通道;若按【K 值设定】键,则将 16 通道 K 值统一修正为与当前测点相同的 K 值 1.999,并自动保存退回到测量界面;按【返回】键则返回测量界面不对设置进行保存。

② 传感器参数标定,此时应在测量界面,即六个应变窗口全部显示。

第一步,设置传感器单位(见图 2－37)。按一下面板上的【标定】键,这时测力数字表头左数第一位显示 L,在此种状态下面板上数字键 1、2、3、4 与单位指示灯 t、kN、kg、N 顺序对应,根据传感器的单位按一下对应的数字键,面板上对应的单位指示灯点亮,按【确定】键,对设置

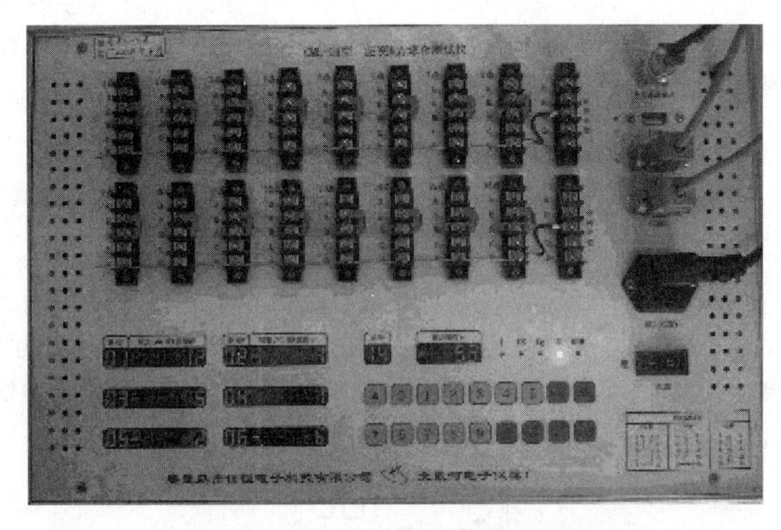

图 2－35　CML-1H 系列应力-应变综合测试仪

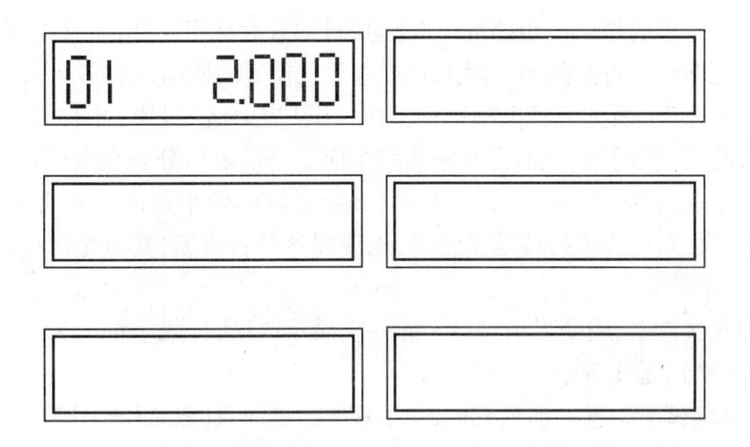

图 2－36　应变显示窗口显示

保存,传感器单位设置完成,测力数字表头左数第一位显示的 L 消失(本试验的荷载单位应设为 N)。

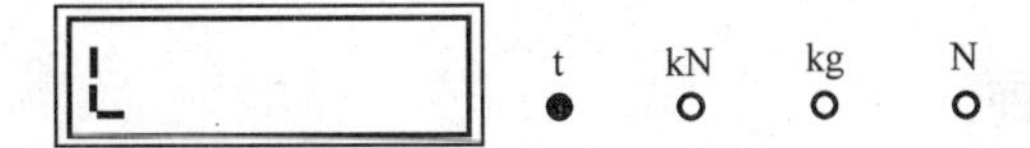

图 2－37　设置传感器单位

第二步,设置传感器的灵敏度(见图 2－38)。这时数字表上显示带小数点的四位数,输入传感器灵敏度(在传感器说明书上,每个传感器的灵敏度各不相同),例如 1.988 mV/V,方法是直接按数字键 1 988(注意一定要输全四个数),按【确定】键保存进入下一步。

1.988

图 2－38　设置传感器的灵敏度

第三步,设置传感器量程(见图 2－39)。测力数字表头左数第一位显示 H,右侧四位显示满度值,输入传感器的满量程值(在传感器的标签上),本实验室弯曲正应力试验使用的传感器为满量程 9 800 N(直接按数字键 9、8、0、0 即可),按【确定】键保存设置。

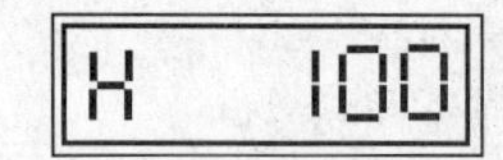

图 2-39 设置传感器量程

第四步,过载设置(见图 2-40)。过载值是根据受试构件的强度确定的,此时数字表头左数第一位显示 E,右侧四位显示过载报警值,例如,弯曲正应力测定的矩形截面梁最大允许荷载为6 000 N,则过载报警值宜设为 6 100 N,(直接输入 6、1、0、0 四个数字即可)。当传感器加载到设置时,警报器会发出"蜂鸣"警报,按【确定】键返回测量状态,全部标定设置工作完成。

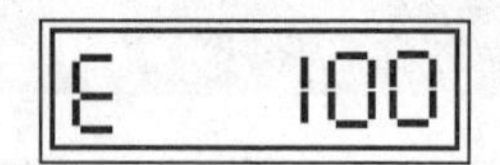

图 2-40 过载设置

以上四步标定过程的任何一步都可以按【返回】键放弃标定工作,直接返回测量界面。有关设置与标定的更多细节可参阅本书附录 C 或查阅仪器旁的使用说明书。

(4)逐一将应变仪的所选通道电桥平衡。按一下【应力清零】键,此时测力数字表头显示归零;再按一下【应变清零】键,此时面板左侧六个应变显示窗口分别在左侧显示出通道编号,右侧分别显示各个通道的初始应变,且均为零(或接近零的较小数值),若有个别通道没有显示零,则说明调零失败,应检查接线是否正确,压线螺丝是否旋紧,甚至是应变片损坏等,并予以纠正。

若测量通道超过六个,应变显示窗口不能一次显示,可通过数字键 1、2、3 实现切换,亦可直接按【(▲)】【(▼)】键实现切换。

(5)摇动多功能试验装置的加载机构,采用等量逐级加载(取 $\Delta P = 1$ kN),每加一级荷载,分别读出各相应电阻片的应变值。加载应保持缓慢均匀平稳。

(6)将实验数据记录在实验报告的相应表格中。

(7)实验完毕,卸载使测力仪显示为零或出现"-"号,关掉测力仪电源。

(8)整理导线,结束实验。

五、实验结果的处理

(1)根据实验结果逐点算出应变增量平均值$\overline{\varepsilon_{读}}$,代入式(2-6)求出 $\Delta\sigma_{读}$。

(2)根据式(2-8)和式(2-7)计算各点的理论弯曲应力值 $\Delta\sigma_{理}$。

(3)画出被测横截面上应力分布图(理论线与实验线)。

(4)实验值与理论值进行比较,求出误差。

六、思考题

(1)实验结果和理论计算是否一致? 引起误差得主要影响因素是什么?

(2)弯曲正应力的大小是否会受材料弹性系数 E 的影响?

实验七　主应力实验

一、实验目的

(1)用实验方法测定平面应力状态下主应力的大小及方向。
(2)学习电阻应变片的应用。

二、实验设备和仪器

(1)BDCL多功能试验台。
(2)CML-1H系列应力-应变综合测试仪。
(3)游标卡尺、钢尺。

三、试验原理和方法

(一)平面应力状态的应变分析原理

结构上某一点在平面应力状态下时的主应力-主应变关系由广义胡克定律确定,即

$$\sigma_1 = \frac{E}{1-\mu^2}(\varepsilon_1 + \mu\varepsilon_2) \tag{2-9}$$

图2-41所示为弯扭组合试验装置。

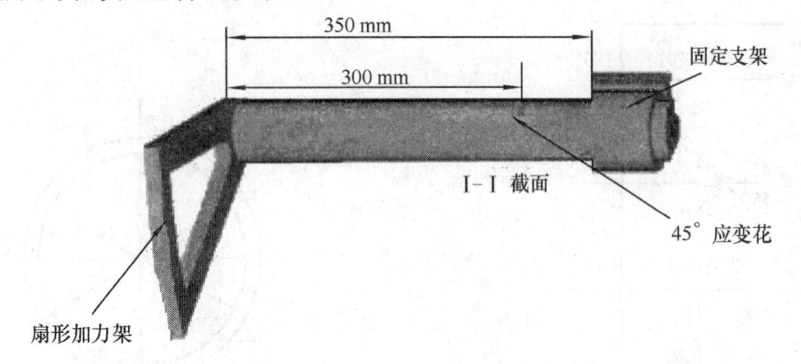

图2-41　弯扭组合试验装置

$$\sigma_2 = \frac{E}{1-\mu^2}(\varepsilon_2 + \mu\varepsilon_1) \tag{2-10}$$

在平面应力状态的一般情况下,主应变的方向是未知的,所以无法直接用应变片测量主应变。根据平面应力状态的应变分析理论,在x-y直角平面坐标内,如图2-42所示,在与x轴成α角(α逆时针为正)的方向的点应变ε_α与该点沿x、y方向的线应变ε_x、ε_y和x-y平面的切应变γ_{xy}之间有如下关系:

$$\varepsilon_\alpha = \frac{\varepsilon_x + \varepsilon_y}{2} + \frac{\varepsilon_x - \varepsilon_y}{2}\cos 2\alpha - \frac{1}{2}\gamma_{xy}\sin 2\alpha \tag{2-11}$$

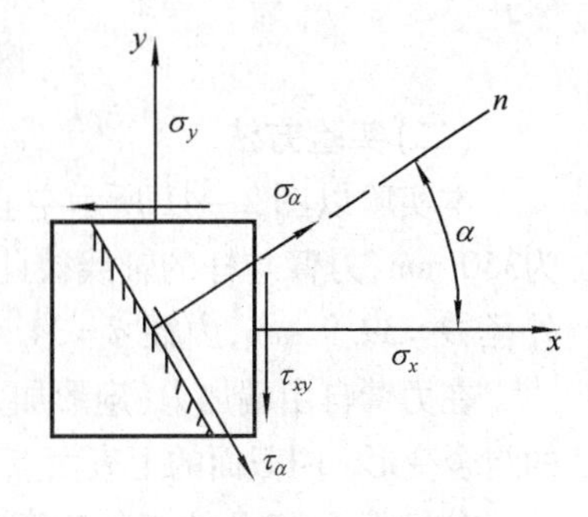

图2-42　平面应力状态的图示

ε_α随α角的变化而改变,在两个相互垂直的主方向上,ε_α到达极值,即主应变。记主应变方向与x轴的夹角为α_0,由上式

可得两主应变的大小和方向为

$$\varepsilon_{1,2}=\frac{\varepsilon_x+\varepsilon_y}{2}\pm\frac{1}{2}\sqrt{(\varepsilon_x-\varepsilon_y)^2+\gamma_{xy}^2} \tag{2-12}$$

$$\tan 2\alpha_0=-\frac{\gamma_{xy}}{\varepsilon_x-\varepsilon_y} \tag{2-13}$$

由于切应变 γ_{xy} 无法用应变片测得，但是可以任意选择三个 α 角，测量三个方向的线应变分别代入式(2-11)得三个独立方程，分别求解出 ε_x、ε_y 和 γ_{xy}，然后把 ε_x、ε_y 和 γ_{xy} 代入式(2-12)和式(2-13)，即可求得主应变 ε_1、ε_2 的大小和方向，最后由式(2-9)和式(2-10)求得主应力的大小，主应力的方向和主应变一致。

若取应变花上三个应变片的 α 角分别为 $-45°$、$0°$、$45°$，如图2-43所示，则该点主应变和主方向最后可推出为

$$\varepsilon_{1,3}=\frac{(\varepsilon_{45°}+\varepsilon_{-45°})}{2}\pm\frac{\sqrt{2}}{2}\sqrt{(\varepsilon_{45°}-\varepsilon_{0°})^2+(\varepsilon_{-45°}-\varepsilon_{0°})^2} \tag{2-14}$$

$$\tan 2\alpha_0=\frac{(\varepsilon_{45°}-\varepsilon_{-45°})}{(2\varepsilon_{0°}-\varepsilon_{45°}-\varepsilon_{-45°})} \tag{2-15}$$

将以上主应变表达式代入广义胡克定律，得主应力和主方向：

$$\sigma_{1,3}=\frac{E(\varepsilon_{45°}+\varepsilon_{-45°})}{2(1-\mu)}\pm\frac{\sqrt{2}E}{2(1+\mu)}\sqrt{(\varepsilon_{45°}-\varepsilon_{0°})^2+(\varepsilon_{-45°}-\varepsilon_{0°})^2} \tag{2-16}$$

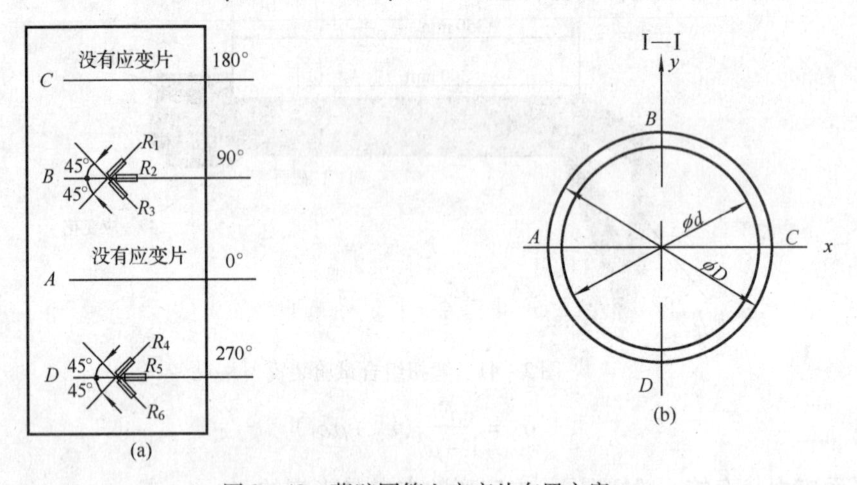

图2-43 薄壁圆筒上应变片布置方案

(二)实验方法

本实验以图2-41所示空心圆轴为测量对象，一端固定，另一端装有扇形加力架，力臂长为350 mm，力臂与杆的轴线彼此垂直，并且位同一水平面之内。该装置材质为高强度铝合金，外径 $D=39.9$ mm，内径 $d=34.4$ mm，$E=71$ GPa，$\mu=0.33$。

在力臂自由端加力(扇形加力臂上的钢丝绳与传感器上的绳座相连)，使轴发生扭转与弯曲的组合变形。I-I截面的上表面点 B 及下表面点 D 各粘贴一个45°三轴应变片，如图2-43所示。

分别将 B 和 D 两点的应变片 R_{-45} R_0、R_{45} 按照单臂接法接入综合测试仪，采用公共补偿片，加载后得到 B 和 D 两点的主应变 ε_{-45}、ε_0、ε_{45}，代入主应力表达式，求出主应力及其方向，

并将计算所得主应力及主方向理论值与实测值进行比较。

四、实验步骤

(1)试样准备。测量空心圆轴的内、外直径 D 及 d,力臂长度 L。拟定加载方案,根据本结构的材质和设计要求,宜采用初载 $P_{min} \geqslant 50$ N,终载 $P_{max} \leqslant 450$ N,分四级加载,即荷载顺序为 150 N、250 N、350 N、450 N。

(2)仪器准备。需要准备的仪器包括:

① 首先采用四分之一桥接线,将各电阻片的导线按顺序接到 CML-1H 系列应力-应变综合测试仪上,包括正确接入温度补偿片。

② 按照前节(弯曲正应力测量)所述方法设定传感器参数,需要注意的是,薄壁圆筒实验所用传感器满量程为 9 800 N。

③ 将各点预调平衡(按应变调零按钮)。

(3)进行实验。根据加载方案,均匀缓慢加载至初载(150 N),记下各点应变的初始读数,然后逐级加载,逐级逐点测量并记录测得数据,测量完毕,卸载。以上过程可重复一次,检查两次数据是否相同,必要时对个别点进行单点复测,以得到可靠的实验数据。

改变接线方式,分别测量薄壁圆筒在单一因素作用下的应变。

做完实验,卸掉荷载,关闭电源,整理好所用导线,将设备复原,实验资料交指导教员签字。

需要注意的是,本薄壁圆筒的管壁很薄,为避免损坏装置,切勿超载,亦不能用力扳动圆筒的自由端和力臂。

五、实验结果的处理

将整理后的实验数据填写在实验报告的"试验记录"一栏中。由这些数据的 $\Delta\varepsilon_0$、$\Delta\varepsilon_{45}$ 及 $\Delta\varepsilon_{90}$ 应用前述主应力表达式求出点 A 的主应力,并与理论结果进行比较。

六、思考题

(1)测量单一内力分量引起的应变,可以采用哪些桥路接线法?

(2)主应力测量中,45°三轴应变花是否可沿任意方向粘贴?

(3)对测量结果进行分析讨论,分析产生误差的主要原因。

实验八　压杆稳定实验

一、实验目的

(1)观察和了解细长杆轴向受压时丧失稳定的现象;

(2)用电测法确定两端铰支压杆的临界载荷 F_{cr},并与理论计算的结果进行比较。

二、实验原理

根据欧拉小挠度理论,对于两端铰支的大柔度杆(低碳钢 $\lambda \geqslant \lambda_p = 100$),压杆保持直线平衡最大的载荷,保持曲线平衡最小载荷即为临界载荷 F_{cr},按照欧拉公式可得

$$F_{cr}=\frac{\pi^2 EI}{(\mu l)^2}$$

式中 E——材料的弹性模量,单位为 GPa;

I——试样截面的最小惯性矩,绕 z 轴的惯性矩 $I_z=\frac{bh^3}{12}$,单位为 cm^4;

l——压杆长度,单位为 m;

μ——和压杆端点支座情况有关的系数,两端铰支杆 $\mu=1$。

压杆的受力图如图 2-44(a)所示。当压杆所受的荷载 F 小于试样的临界力,压杆在理论上应保持直线形状,压杆处于稳定平衡状态;当 $F=F_{cr}$时,压杆处于稳定与不稳定平衡之间的临界状态稍有干扰,压杆即失稳而弯曲,其挠度迅速增加。若以荷载 F 为纵坐标,压杆中点挠度 δ 为横坐标,按欧拉小挠度理论绘出的 P-δ 图形即为折线 OAB,如图 2-44(b)所示。

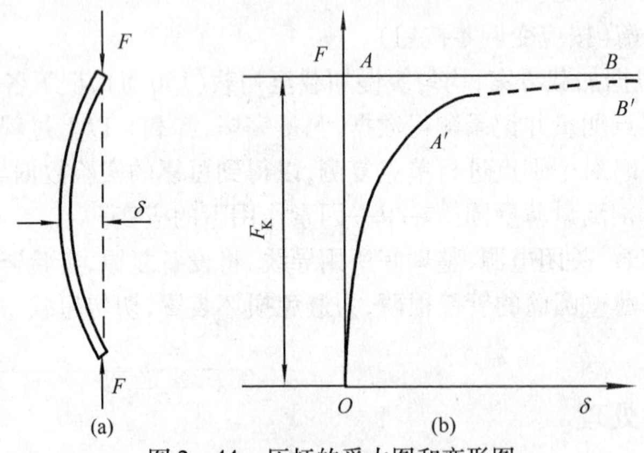

图 2-44 压杆的受力图和变形图

由于试样可能有初曲率、载荷可能有微小偏心以及材料的不均匀等因素,压杆在受力后就会发生弯曲,其中点 A 挠度 δ 随载荷的增加而逐渐增大。当 $F\ll F_{cr}$时,δ 增加缓慢;当 F 接近 F_{cr}时,虽然 F 增加很慢,δ 却迅速增大,例如曲线 $OA'B'$。曲线 $OA'B'$与折线 OAB 的偏离,就是由于初曲率载荷偏心等影响造成,此影响越大,则偏离越大。

若令杆件轴线为 x 坐标轴,杆件下端为坐标轴原点,则在 $x=l/2$ 处横截面上的内力如图 2-44(a)所示,即

$$M_{x=\frac{l}{2}}=F\delta \qquad N=-F$$

横截面上的应力为

$$\sigma=\frac{F}{A}\pm\frac{M}{I}\cdot y$$

在 BDCL 多功能试验台上测定 F_{cr}时,压杆两端的支座为 V 形槽口,将带有圆弧尖端的压杆装入支座中,通过上、下活动的上支座对压杆施加荷载,压杆变形时,两端能自由地绕 V 形槽口转动,即相当于两端简支的情况,在压杆中央两侧各贴一枚应变片 R_1 和 R_2,如图 2-45(a)所示,采用 1/4 桥连接(设温度补偿应变片),假设压杆受力后向右弯曲的情况,以 ε_1、ε_2 分别表示 R_1 和 R_2 的应变值,此时,ε_1 是由轴向压应变与弯曲产生的拉应变之和,ε_2 则是轴向压应变与弯曲产生的压应变之和。当 $F\ll F_{cr}$时,压杆几乎不产生任何弯曲变形,ε_1 和 ε_2 均为轴向压缩产生的压应变,两者相等,当载荷增大时,弯曲应变逐渐增大,ε_1 和 ε_2 的差值越来越大,当载荷接近临界力 F_{cr}时,ε_1 变为拉应变,无论 ε_1 还是 ε_2,当载荷接近临界力时,均急剧增

加，如图 2－45（b）所示，二者均接近同一渐近线，此渐近线即临界荷载 F_{cr}。

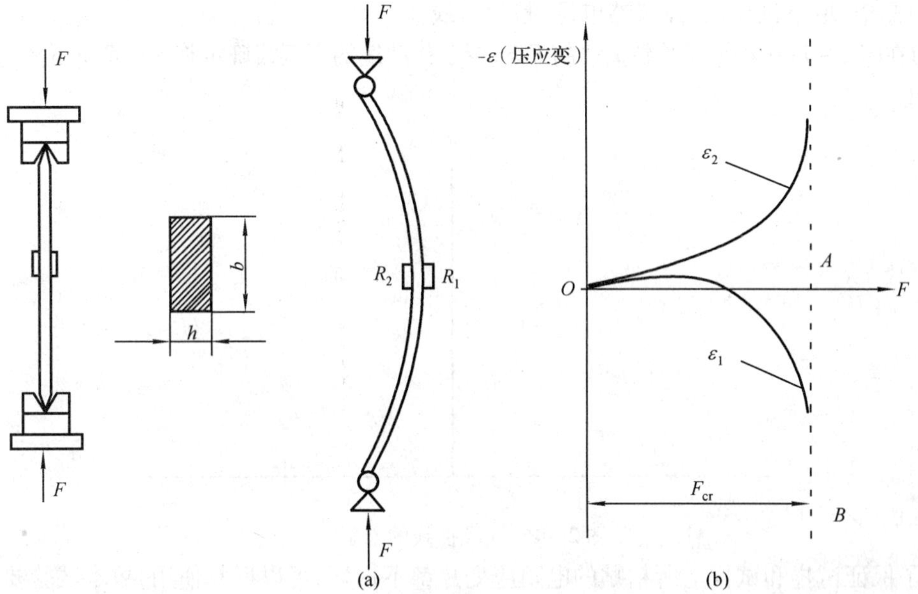

图 2－45　临界力的测量及临界力与应变的关系图

三、实验设备和仪器

（1）BDCL 多功能试验台。

（2）压杆试样。

（3）CML-1H 系列应力-应变综合测试仪。

（4）游标卡尺及钢尺。

四、实验方法和步骤

（1）量取试样尺寸：厚度 t、宽度 b、长度 l。量取截面尺寸时至少要沿长度方向量三个截面，取其平均值用于计算横截面的惯性矩 I。

（2）拟定加载方案，加载前用欧拉公式求出试样的临界载荷 F_{cr} 的理论值，在预估临界力值的 80% 以内，可采用大等级加载，进行载荷控制。例如，可以分成 4～5 级加载，载荷每增加一个 ΔF，记录相应的应变值一次，超过此范围后，当接近失稳时，变形量快速增加，此时的载荷增量应取小些，或者改为变形量控制加载，即应变每增加一定的数量读取相应的荷载，直到 F 的变化很小，渐近线的趋势已经明显为止。

（3）根据实验加载方案，安装试样，调整好加载装置。

（4）将电阻应变片接入 CML-1H 系列应力-应变综合测试仪，按操作规程，调整仪器至“零”位。

（5）加载分为三个阶段：在达到理论临界载荷之前，由载荷控制，均匀缓慢加载，每增加一级载荷，记录一次两点的应变值 ε_1 和 ε_2；超过理论临界载荷 F_{cr} 以后，由变形控制每增加一定的应变量读取相应的载荷值；当应变突然变得很大时，停止加载，记下载荷值，然后按照加载的逆顺序逐级卸掉载荷，仔细观察应变是否降回到顺序加载时的数值，直至试样回弹到初始状态；如此重复试验2～3次。

(6)测毕，取下试样，关掉仪器电源，整理导线。

(7)在图2－46中根据试验数据绘制F-ε曲线，作曲线的渐近线确定临界载荷F_{cr}值，与理论值进行比较。

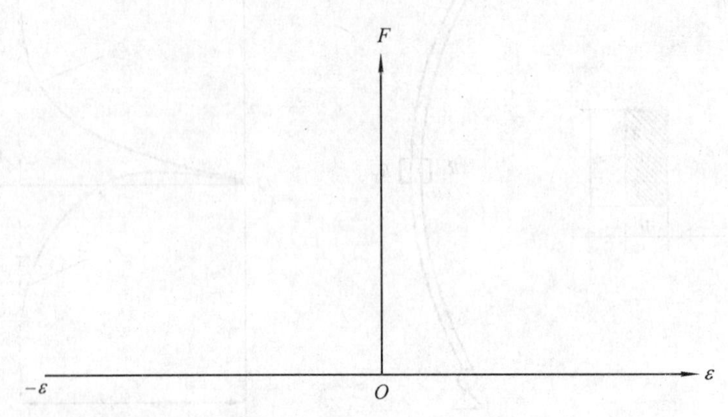

图2－46　F-ε曲线的绘制区

为了保证试样和试样上所粘贴的电阻应变片都不损坏，可以反复使用，故本试验要求试样的弯曲变形不可过大，应变读数控制在1 500 μm左右。

加载时，应均匀缓慢，严禁用手随意扰动试样。

五、实验结果处理

(1)用方格纸绘出F-ε_1和F-ε_2曲线，确定实测临界载荷$F_{cr实}$。

(2)理论临界载荷$F_{cr理}$计算：

试样惯性矩　$I_z = \frac{bh^3}{12} =$　　m^4；

试样长度　$l =$　　m；

理论临界载荷　$F_{cr理} = \frac{\pi^2 EI}{(\mu l)^2}$。

将结果填入表2－2中。

表2－2　实验值与理论值比较

数	值	
实验值$F_{cr实}$	理论值$F_{cr理}$	误差百分率(%) $\lvert F_{cr理}-F_{cr实}\rvert/F_{cr理}$

六、预习要求

(1)复习有关理论，明确临界载荷的意义，了解其测试方法。

(2)实验中应记录哪些数据？如何选取载荷增量？在接近F_{cr}值时要注意什么？

七、思考题

(1)欧拉公式的应用范围。

(2)本试验装置与理想情况有哪些不同？

实验九　冲击实验

在实际工程机械中，有许多构件常受到冲击载荷的作用，机器设计中应力求避免冲击载荷，但由于结构或运行的特点，冲击载荷难以完全避免，例如，内燃机膨胀冲程中气体爆炸推动活塞和连杆，使活塞和连杆之间发生冲击；火车开车、停车时，车辆之间的挂钩也会产生冲击；在一些工具机中，利用冲击载荷实现静载荷无法或很难达到的效果，例如，锻锤、冲击钻、凿岩机等。为了了解材料在冲击载荷下的性能，必须进行冲击实验。

一、实验目的

(1)了解冲击实验的意义，观察材料在冲击载荷作用下所表现的性能。

(2)测定低碳钢和铸铁的冲击韧度值 α_k。

二、实验设备和仪器

摆式冲击试验机、游标卡尺等。

三、基本原理

冲击实验是研究材料对于动载荷抗力的一种实验，和静载荷作用不同，由于加载速度快，使材料内的应力骤然提高，变形速度影响了材料的机械性质，所以材料对动载荷作用表现出另一种反应。往往在静载荷下具有很好塑性性能材料，在冲击载荷下会呈现出脆性的性质。

此外在金属材料的冲击实验中，还可以揭示出静载荷时，不易发现的某些结构特点和工作条件对力学性能的影响(例如应力集中，材料内部缺陷，化学成分和加荷时温度、受力状态以及热处理情况等)，因此冲击韧度值 α_k 在工艺分析比较和科学研究中都具有一定的意义。

四、冲击试样

工程上常用金属材料的冲击试样一般是带缺口槽的矩形标准试样，做成制式试样的目的是为了便于揭示各因素对材料在高速变形时的冲击抗力的影响，并方便了解试样的破坏方式是塑性滑移还是脆性断裂。但缺口形状和试样尺寸以及冲击试样的制成方式对材料的冲击韧度值的影响极大，要保证实验结果能正确反映材料抵抗冲击的能力，并能对实验结果进行比较，试样必须按照统一标准制作，目前国家标准(GB/T 229—2007)规定试样有两种形式，如图 2-47 所示，工程中应用冲击韧度值 α_k 时，应分清所用试样的缺口形式。

本实验室的冲击试样为 V 形缺口，具体尺寸如图 2-48 所示。

五、冲击实验形式

(1)简梁式弯曲冲击实验。

(2)肱梁式弯曲冲击实验。

(3)拉伸冲击实验。

其中简梁式弯曲冲击实验工程中最常用。

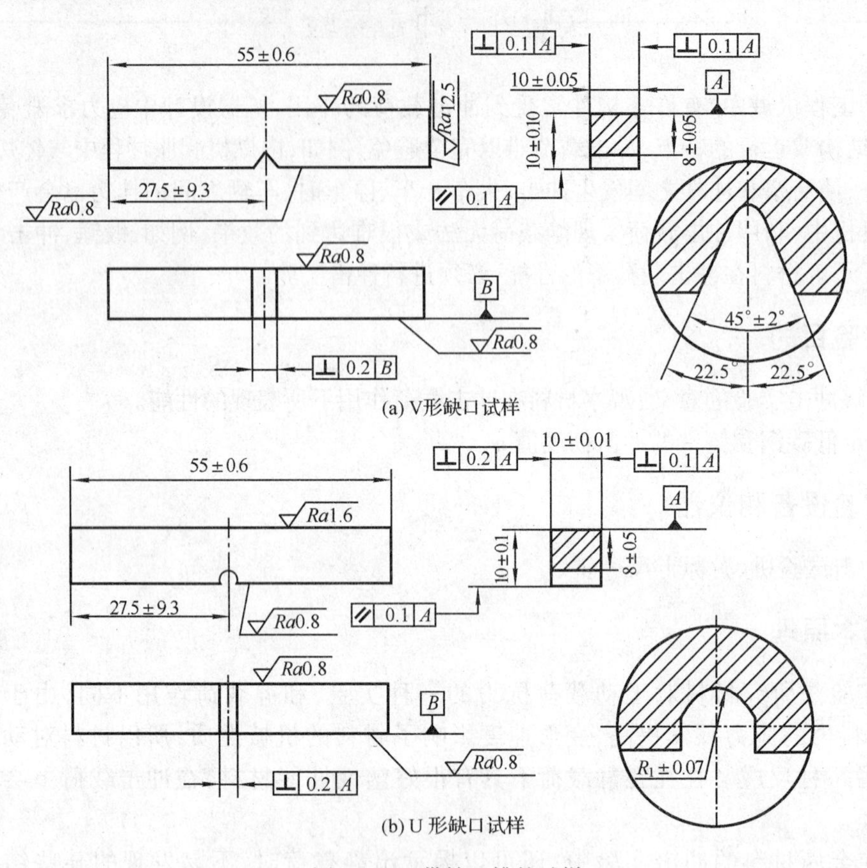

图 2－47　带缺口槽的试样

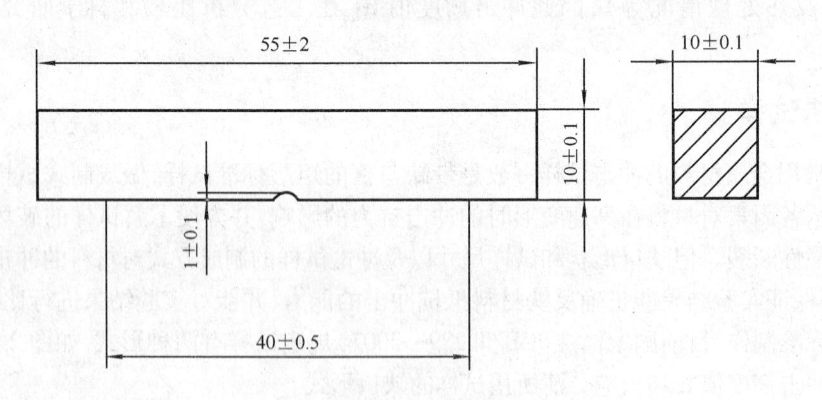

图 2－48　V形缺口试样的标准尺寸

六、实验方法和步骤

测量试样尺寸，要测量缺口处的试样尺寸。

首先了解摆锤冲击试验机（见图 2－49）的构造原理和操作方法，掌握冲击试验机的操作规程，操作过程中一定要注意安全。

冲击实验可以通过计算机程序控制，此时只需要按照屏幕上的提示操作即可；也可以手动操作控制盒，具体步骤如下：

(1)将控制盒开关拨到“开”的位置，若摆锤在铅垂位置，将刻度盘上的指针拨至刻度盘的零刻度(计算机操作时可省略该步骤)。

(2)单击“起摆”按钮，接通电动机及电磁离合器，摆锤逆时针扬起，扬至最高位置后，电动机自动停止，保险销伸出。摆锤运动的轨迹图如图 2－50 所示。

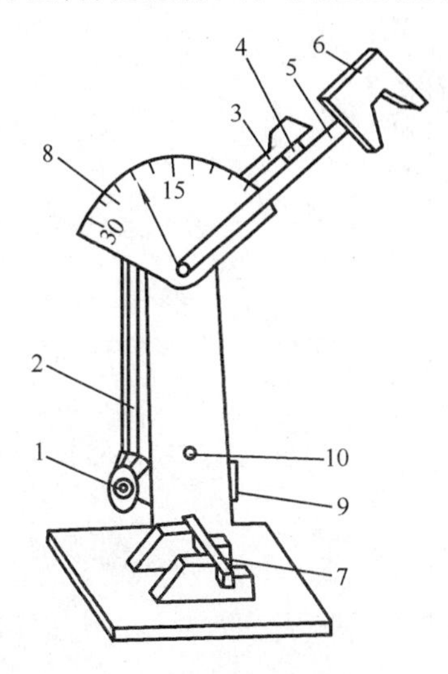

图 2－49　摆锤冲击试验机

1—电动机；2—皮带轮；3—摆臂；4—杆销；5—摆杆；6—摆锤；7—试样；8—指示器；9—电源开关；10—指示灯。

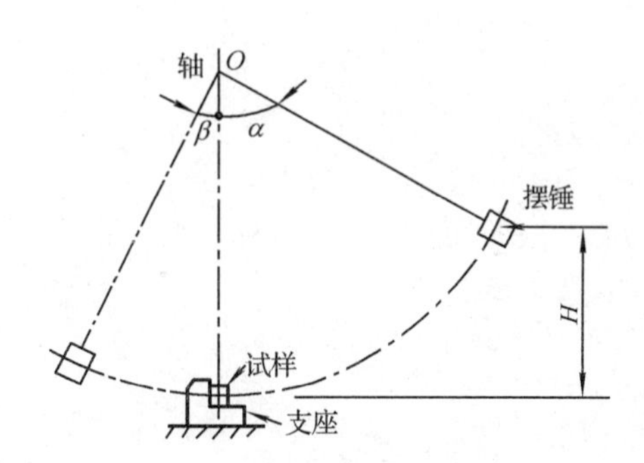

图 2－50　摆锤运动轨迹图

(3)根据试样材料估计需要的破坏能量。先空打一次，测定机件间的摩擦消耗功(单击“退销”按钮，保险销退回，再单击“冲击”按钮，摆锤顺时针下落又逆时针扬起，并自动停在最高位置，保险销伸出，读出空摆时消耗的功 m)。

(4)将试样安放在冲击试验机上(见图 2－51)。简梁式冲击实验应使没有缺口的面朝向摆锤冲击的一边，缺口的位置应在两支座中间，要使缺口和摆锤冲刃对准。

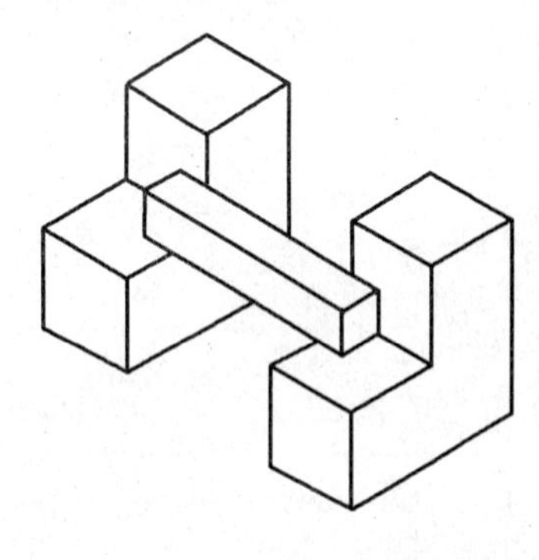

图 2－51　试样在冲击试验机上的摆放

(5)单击“退销”按钮，保险销退回。

(6)单击“冲击”按钮，摆锤下落冲击试样，冲断试样，以下式可计算出材料的冲击韧度值 α_k，即

$$\alpha_k = \frac{W - m}{A}$$

式中　W——冲断试样时所消耗的功，单位为 J；

A——试样缺口横截面积，单位为 mm^2。

(7)在摆锤扬起后，若欲将摆锤空放下，按住“放摆”按钮，直到摆锤落至铅垂位置，松开按钮。

七、注意事项

在实验过程中要特别注意安全。把摆锤举高后安放试样时，应确保此时其他人没有进行计算机操作和手控操作，试样安装完毕后，操作人员应离开摆锤摆动的范围，在放下摆锤实行冲击之前，应先检查一下有没有人还未离开，以免发生危险。

八、思考题

(1)低碳钢和铸铁在冲击作用下所呈现的性能是怎样的？

(2)举例说明几种材料承受冲击载荷的工程实际构件？

第三章　设计性实验

实验一　粘贴电阻应变片实验

一、实验目的

(1)初步掌握常温用电阻应变片的粘贴技术。

(2)为后续电阻应变测量的实验做好在试件上粘贴应变片、接线、防潮、检查等准备工作。

二、实验设备和仪器

(1)常温用电阻应变片,每小组一包20枚。

(2)数字式万用表。

(3)502黏结剂(氰基丙烯酸酯黏结剂)。

(4)电烙铁、镊子、铁沙纸等工具。

(5)等强度梁试件、温度补偿块。

(6)丙酮、药棉等清洁用品。

(7)防潮用硅胶。

(8)测量导线若干。

三、实验方法和步骤

(1)选片。在确定采用哪种类型的应变计后,用肉眼或放大镜检查丝栅是否平行,是否有霉点、锈点。用数字式万用表测量各应变片电阻值,选择电阻值差在±0.5 Ω内的8~10枚应变片供粘贴用。

(2)测点表面的清洁处理。为使应变计与被测试件粘贴牢固,对测点表面要进行清洁处理。首先把测点表面用砂轮、锉刀或砂纸打磨,使测点表面平整并使表面光洁度达∇6。然后用棉花球蘸丙酮擦洗表面的油污至棉花球不黑为止。最后用划针在测片位置处划出应变计的坐标线。打磨好的表面,如果暂时不贴片,可涂凡士林等防止氧化。

如果测量对象为混凝土构件,则须用喷浆方法把表面垫平。然后同样进行表面打磨清洗等工作。此外,在贴片部位,先涂一层隔潮层,一般常用环氧树脂胶,应变计就贴于隔潮底层上。

(3)贴片。在测点位置和应变计的底基面上,涂上薄薄一层胶水,一手捏住应变片引出线,把应变计轴线与坐标线对准,上面盖一层聚乙烯塑料膜作为隔层,用手指在应变计的长度方向滚压,挤出片下气泡和多余的胶水,直到应变计与被测物紧密粘合为止。手指按压约1分钟后再放开,注意按住时不要使应变片移动。轻轻掀开薄膜检查有无气泡、翘曲、脱胶等现象,否则需要重贴。注意黏结剂不要用得过多或过少，过多则胶层太厚，会因胶水的黏滞效应影响应变片性能；过少则黏结不牢，不能准确传递应变。

(4)干燥处理。应变计粘贴好后应有足够的黏结强度以保证与试样共同变形。此外，应变计和试件间应有一定的绝缘度，以保证应变读数的稳定。为此，在贴好片后就需要进行干燥处理，处理方法可以是自然干燥或人工干燥。例如，气温在 20 ℃以上，相对湿度在 55% 左右时用 502 胶水粘贴，采用自然干燥即可。人工干燥可用红外线灯或电吹风进行加热干燥，烘烤时应适当控制距离，注意应变计的温度不得超过其允许的最高工作温度，以防应变计底基烘焦损坏。

(5)接线。应变计和应变仪之间用导线连接。需要根据环境与实验的要求选用导线。通常静应变测定用双蕊多股平行线。在有强电磁干扰以及动应变测量时，需要用屏蔽线。焊接导线前，先用万用电表检查导线是否断路，然后在每根导线的两端贴上同样的号码标签，避免测点多时产生差错。在应变计引出线下贴上胶带纸，以免应变计引出线与被测试件(例如被测试件是导电体的话)接触造成短路。然后把导线与应变计引线焊接在一起，焊接时注意防止"假焊"。焊完后用万用电表在导线另一端检查是否接通。

为防止在导线被拉动时应变计引出线被拉坏，可使用接线端子。接线端子相当于接线柱，使用时先用胶水把它粘在应变计引出线前端，然后把应变计引出线及导线分别焊于接线端子的两端，以保护应变计，如图 3－1 所示。

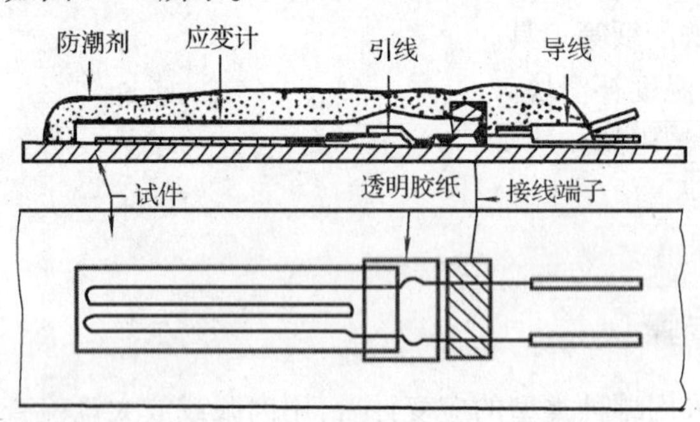

图 3－1　应变计的保护

(6)检查接线后的电阻值。理想的粘贴效果是接线后各电阻片的阻值差异仍保持在 ±0.5 Ω内，实际操作中由于压力的不同，粘贴后电阻片的阻值会产生微小的变化，焊接点也可能存在虚焊等现象，所以除了阻值差异符合要求外，电阻值还应输出稳定，检查的方法可以使用欧姆表，或者接入测量电路，观察其在未受力状态下是否能预调平衡，并随着时间推移，保持稳定。

(7)防潮处理。为避免胶层吸收空气中的水分而降低绝缘电阻值，应在应变计接好线并且绝缘电阻达到要求后，立即对应变计进行防潮处理。防潮处理应根据试验的要求和环境采用不同的防潮材料。常用的简易防潮剂为 703、704 硅胶。

四、实验报告

(1)简述贴片、接线、检查等主要实验步骤。

(2)画布线图和编号图。

实验二 偏心拉伸实验

一、实验目的

(1)测定偏心拉伸时最大正应力,验证叠加原理的正确性。
(2)测定偏心拉伸试件的偏心距 e。
(3)学习组合载荷作用下由内力产生的应变成分单独测量的方法。

二、设备和仪器

(1)组合试验台拉伸部件。
(2)应力-应变综合测定仪。
(3)游标卡尺、钢板尺。

三、试样

采用图3-2所示钢制试件,在外荷载作用下,其轴力 $N=P$,弯矩 $M=P\times e$,其中 e 为偏心矩。根据叠加原理,横截面上的应力为单向应力状态,其理论计算公式为拉伸应力与弯曲正应力的代数和,即

$$\sigma=\frac{P}{A}\pm\frac{M}{W}$$

式中 P——轴力,单位为N;
M——弯矩,单位为N·m;
W——试样的截面系数,即 $W=hb^2/6$,单位为 mm^3。

偏心拉伸试件及应变片的布置方法如图3-2所示,R_1 和 R_2 分别为试件两侧沿应变方向粘贴的应变片,另外有两枚粘贴在与试件材质相同但不受载荷的补偿块上的应变片,供全桥测量时组桥之用,其尺寸为 $b=24$ mm,$h=5$ mm。

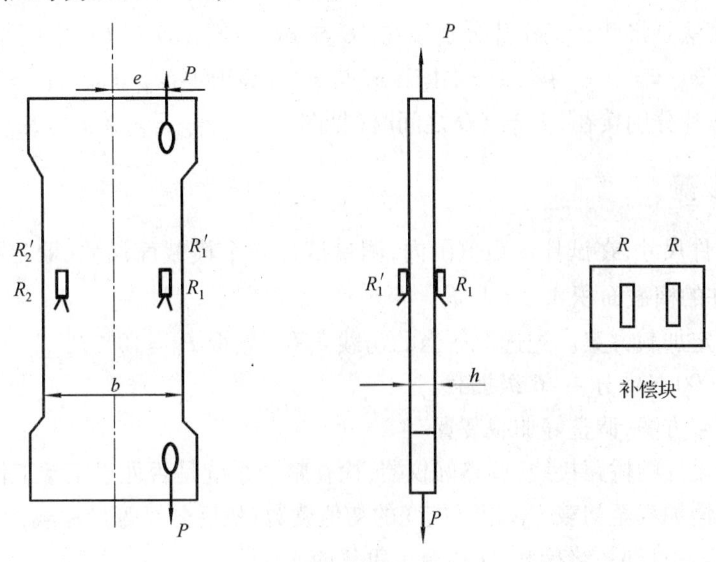

图3-2 钢制试件

四、试验原理

按照图 3－2 的贴片方式应有

$$\varepsilon_1=\varepsilon_p+\varepsilon_m \qquad \varepsilon_2=\varepsilon_p-\varepsilon_m$$

式中　ε_p——轴力引起的应变；

ε_m——弯矩引起的应变。

根据电桥的测量原理，采用不同的组桥方式，即可分别测出与轴向力及弯矩有关的应变值，从而进一步求得弹性模量 E，偏心矩 e，最大正应力和分别由轴力、弯矩产生的应力。

可直接采用半桥单臂方式，使用两个测量桥路分别测出 R_1 和 R_2 受力产生的应变值 ε_1 和 ε_2，通过上述两式算出轴力引起的拉伸应变 ε_p 和弯矩引起的应变 ε_m；也可采用邻臂桥路接法直接测出弯矩引起的应变 ε_m，采用此接桥方式不需要温度补偿片，接线如图 3－3所示；采用对臂桥路接法可直接测出轴向力引起的应变 ε_p，采用此接桥方式需加温度补偿片，接线如图 3－4 所示。

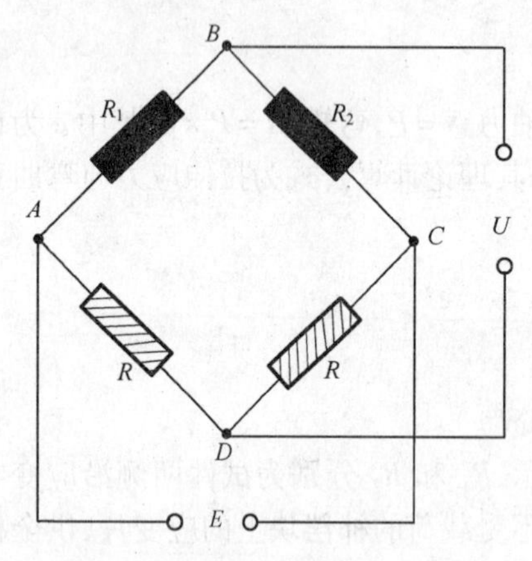

图 3－3　邻臂桥路接法示意图

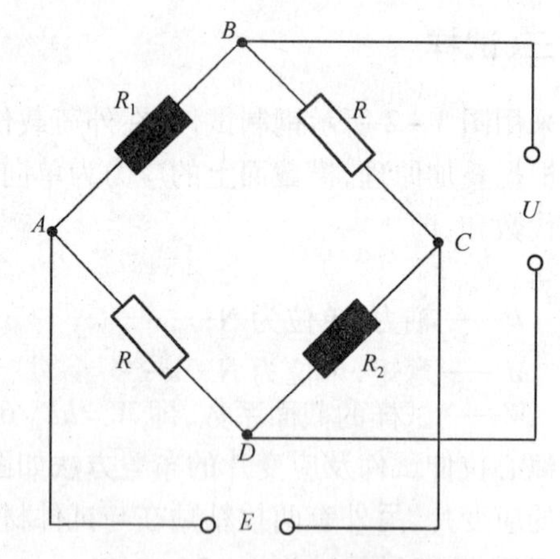

图 3－4　对臂桥路接法示意图

邻臂桥路接法是将两个工作片分别接在 AB 与 BC 之间，AD 与 CD 之间是应变仪内电阻，如图 3－3所示，$\varepsilon_{du}=\varepsilon_1-\varepsilon_2+\varepsilon_3-\varepsilon_4$，由于 ε_3 与 ε_4 皆等于零，$\varepsilon_{du}=\varepsilon_1-\varepsilon_2=2\varepsilon_m$；对臂桥路接法是将两个工作片分别接在 AB 与 CD 之间时（见图 3－4），$\varepsilon_{du}=\varepsilon_1+\varepsilon_2=2\varepsilon_p$。

五、实验步骤

（1）测量试件尺寸，在试件标距范围内，测量试件三个横截面尺寸，取三处横截面面积的平均值作为试件的横截面积 A_0。

（2）自行拟定加载方案。先选取适当的初载 P_0（一般取 $P_0=10\%P_{max}$），估算 P_{max}（该实验荷载范围 $P\leqslant 3\ 000$ N），分 4～6 级加载。

（3）根据加载方案，调整好加载装置。

（4）按自行设计的桥路接线，调整好仪器，检查整个系统是否处于正常工作状态。

（5）均匀缓慢加载至初载 P_0，记下应变的初值读数；然后分级等量加载，每增加一级荷载，依次记录 ε_p 和 ε_m，直到最终荷载，实验至少重复两次。

（6）做完实验，卸掉荷载，关闭电源，整理好仪器和导线，实验记录数据交教员检查。

六、试验结果处理

(1)求弹性模量 E：

$$\varepsilon_p=\frac{\varepsilon_1+\varepsilon_2}{2}\qquad E=\frac{\Delta P}{A_0\varepsilon_p}$$

(2)求偏心距 e：

$$\varepsilon_m=\frac{\varepsilon_1-\varepsilon_2}{2}\qquad e=\frac{EW}{\Delta P}\varepsilon_m$$

其中，$W=bh^2/6$。

(3)应力计算：

$$\sigma_{\max、\min}=\frac{\Delta P}{A_0}\pm\frac{\Delta p\times e}{W}$$

(4)实验值：

$$\sigma_{\max}=E(\varepsilon_p+\varepsilon_m)$$

$$\sigma_{\min}=E(\varepsilon_p-\varepsilon_m)$$

实验数据可记录在表 3－1 和表 3－2 中。

表 3－1　1/4 桥（半桥单臂）实验数据记录表

荷载/N	P	500	1 000	1 500	2 000	2 500	3 000
	ΔP	500	500	500	500	500	
应变仪读数 $\mu\varepsilon$	ε_1						
	$\Delta\varepsilon_1$						
	平均值						
	ε_2						
	$\Delta\varepsilon_2$						
	平均值						

表 3－2　半桥双臂及全桥对臂实验数据记录表

荷载/N	P	500	1 000	1 500	2 000	2 500	3 000
	ΔP	500	500	500	500	500	
应变仪读数 $\mu\varepsilon$	ε_m						
	$\Delta\varepsilon_m$						
	平均值						
	ε_p						
	$\Delta\varepsilon_p$						
	平均值						

实验三　等强度梁应变测定实验和桥路变换接线实验

一、实验目的

(1)了解用电阻应变片测量应变的原理。

(2)掌握电阻应变仪的使用方法。

(3)测定等强度梁上已粘贴应变片处的应变，验证等强度梁各横截面上应变(应力)是否相等。

(4)掌握应变片在测量电桥中的各种接线方法。

二、实验设备和仪器

(1)BDCL 多功能试验台。

(2)CML-1H 系列应力-变应综合测试仪。

(3)游标卡尺、钢尺。

三、实验原理和方法

等强度梁实验装置如图 3-5 所示，梁上的贴片如图 3-6 所示，梁在受到传感器所施加推力时产生弯曲变形，横截面的上表面产生压应变，下表面产生拉应变，上、下表面产生的拉、压应变绝对值相等，其计算公式为

$$\varepsilon = \frac{FL}{EW}$$

式中 W——试样的截面系数，即 $W = bh^2/6$；b 为梁的宽度，h 为梁的厚度；

F——梁上所加的载荷；

L——载荷作用点到测试点的距离；

E——弹性模量。

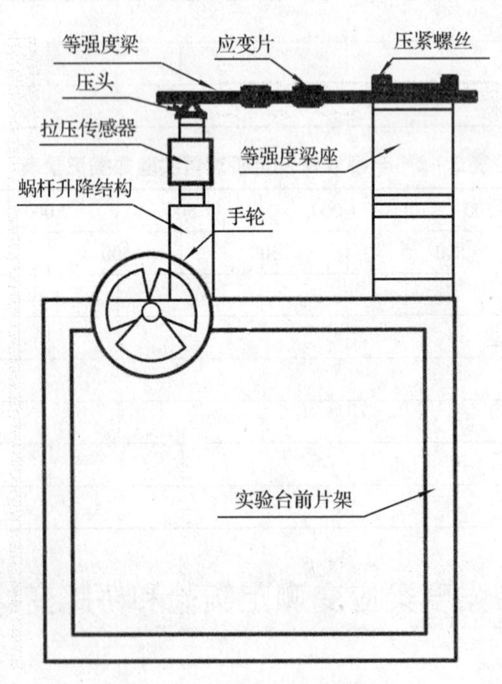

图 3-5 等强度梁实验装置

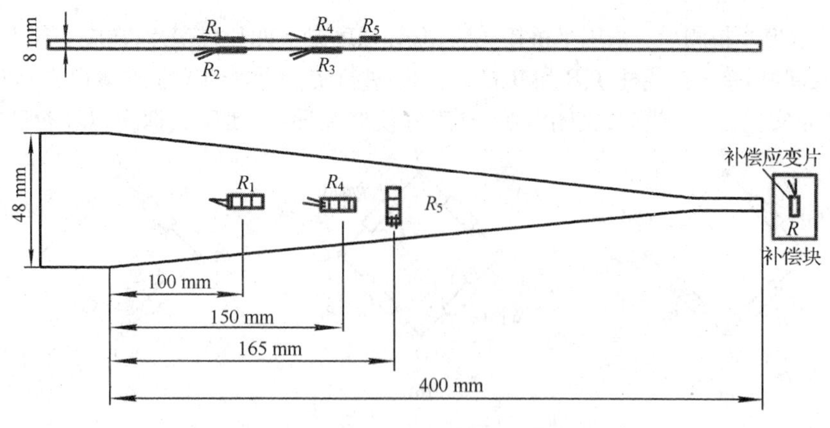

图 3-6　等强度梁的贴片图

四、实验步骤

(1)测量等强度梁的有关尺寸,确定试件有关参数。

(2)自行拟定加载方案,选取适当的初载 P_0,估算最大载荷 P_{max},(该实验载荷范围≤200 N),一般分 4~6 级加载。

(3)实验首先采用 1/4 桥单臂公共补偿接线法。将等强度梁上两点应变片 R_1、R_2、R_3、R_4 按顺序接到电阻应变仪的前四个测试通道 AB 之间,温度补偿片接电阻应变仪公共补偿通道 AD 之间,如图 3-7 所示。

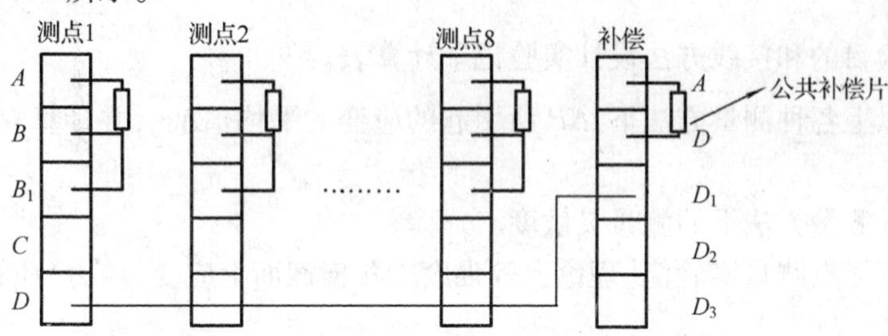

图 3-7　1/4 桥单臂公共补偿接线法

(4)调整好仪器,检查整个系统是否处于正常的工作状态。

(5)实验加载。均匀缓慢加载至初载 P_0,记下各点应变片初始读数,然后逐级加载,每增加一级载荷,依次记录各点电阻应变仪的读数,直到最终载荷。实验至少重复三次。

(6)采用半桥接线法。取等强度梁上、下表面各一片应变片 R_1、R_2,在应变仪上选一通道,按图 3-8(a)接至接线柱 A、B 和 B、C 上(画阴影线为仪器内部电阻),然后进行实验,实验步骤同步骤(1)~(5)。

(7)相对两臂全桥测量。采用全桥接线法,取等强度梁上表面(或下表面)两片应变片,在应变仪上选一通道,按图 3-8(b)接至接线柱 A、B 和 C 、D 上,再把两个补偿应变片接到 B、C 和 A、D 上,然后进行实验,实验步骤同步骤(1)~(5)。

(8)四臂全桥测量。采用全桥接线法,取等强度梁上的四片应变片,在应变仪上选一通道按图 3-8(c)接至接线柱 A、B、C、D 上,然后进行实验,实验步骤同步骤(1)~(5)。

(9)串联双臂半桥测量。采用半桥接线法,取等强度梁上四片应变片,在应变仪上选一通道,按图 3-8(d)串联后接至接线柱 A、B 和 B、C 上,然后进行实验,实验步骤同步骤(1)~(5)。

(10)并联双臂半桥测量。采用半桥接线法,取等强度梁上四片应变片,在应变仪上选一通道,按图 3-8(e)并联后接至接线柱 A、B 和 B、C 上,然后进行实验,实验步骤同步骤(1)~(5)。

(11) 做完实验,卸掉载荷,关闭电源,整理好仪器和导线,实验数据交指导教员签字。

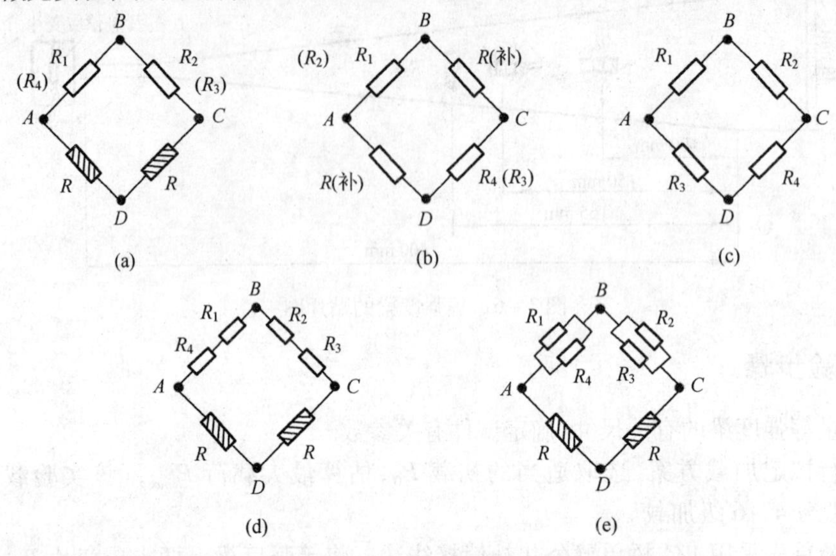

图 3-8　应力片的不同连接方式

五、实验结果的处理

(1)根据实验目的和接线方法设计实验记录计算表。

(2)计算出以上各种测量方法下,ΔP 所引起的应变的平均值$\overline{\Delta\varepsilon_d}$,并计算它们与理论应变值的相对误差。

(3)比较各种测量方法下的测量灵敏度。

(4)比较单臂多点测量实验值[理论上等强度梁各横截面上应变(应力)应相等]。

六、思考题

(1)分析各种测量方法中温度补偿的实现方法。

(2)采用串联或并联测量方法能否提高测量灵敏度?

实验四　电阻应变片灵敏系数标定

一、实验目的

掌握电阻应变片灵敏系数 K 值的标定方法。

二、实验设备和仪器

(1)材料力学组合实验台中等强度梁实验装置与部件。

(2)CML-1H 系列应力-应变综合参数测试仪。

(3)游标卡尺、钢板尺、千分表三点挠度仪。

三、实验原理与方法

在进行标定时,一般采用一单向应力状态的试件,通常采用纯弯曲梁或等强度梁。粘贴在试件上的电阻应变片在承受应变时,其电阻相对变化 $\Delta R/R$ 与 ε 之间的关系为

$$\frac{\Delta R}{R}=K\varepsilon$$

因此,通过测量电阻应变片的$\frac{\Delta R}{R}$和试件 ε,即可得到应变片的灵敏系数 K,如图 3-9 所示。

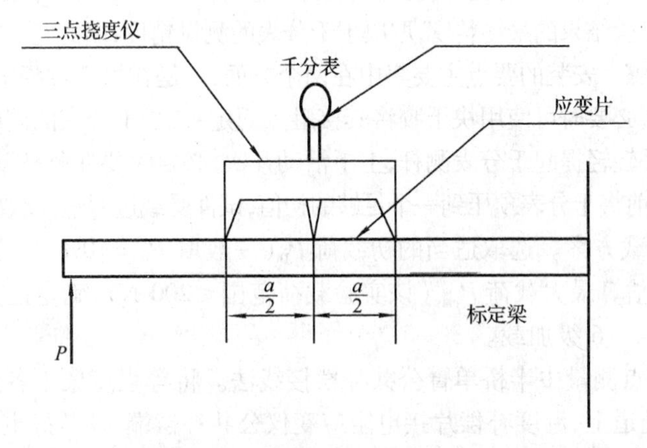

图 3-9　等强度梁灵敏系数标定安装图

在梁等强度段的上、下表面沿梁的轴线方向粘贴 4 片应变片,在等强度梁的等强度段上安装一个三点挠度仪。当梁弯曲时,由挠度仪上的千分表可读出测量挠度(即梁在三点挠度仪长度 a 范围内的挠度)。根据材料力学公式和几何关系,可求出等强度梁上、下表面的轴向应变为

$$\varepsilon=\frac{hf}{(a/2)^2+f^2+hf}$$

式中　h ——标定梁高度;

a ——三点挠度仪长度;

f ——挠度。

应变片的电阻相对变化$\frac{\Delta R}{R}$可用高精度电阻应变仪测定。设电阻应变仪的灵敏系数为 K_0,读数为 ε_d,则

$$\frac{\Delta R}{R}=K_0\ \varepsilon_d$$

由前面的式子可得到应变片灵敏系数 K

$$K=\frac{\Delta R/R}{\varepsilon}=\frac{K_0\ \varepsilon_d}{hf}\left[\left(\frac{a^2}{2}\right)+f^2+hf\right]$$

在标定应变片灵敏系数时,一般把应变仪的灵敏系数调至 $K_0=2.00$,并采用分级加载的方式测量在不同载荷下应变片的读数应变 ε_d 和梁在三点挠度仪长度 a 范围内的挠度 f。

四、实验步骤

(1)测量等强度梁的有关尺寸和三点挠度仪长度 a,试件相关数据如表 3-3 所示。

表 3-3　试件相关数据

试件数据及有关参数	数　值
等强度梁厚度	$h = 9.3$ mm
三点挠度仪长度	$a = 200$ mm
电阻应变仪灵敏系数(设置值)	$K_0 = 2.00$
弹性模量	$E = 206$ GPa
泊松比	$\mu = 0.26$

(2)安装三点挠度仪。三点挠度仪为机械装置,其上的测量仪表为千分表,精度比电测实验要低几个数量级,本次实验结果的最终精度,取决于千分表的测量精度,因此,安装三点挠度仪的工作是实验成功的关键步骤。安装的要点主要集中在两个方面,一是在加载过程中挠度仪与等强度梁的接触点要保证稳定,必要时可使用快干胶将其接触点固定;二是千分表的测杆上下活动灵活,没有摩擦力,安装后用手轻轻提起千分表测杆,上下活动几次,必要时要在测杆壁内加注润滑油。常规的做法是试样变形前将千分表预压到一个足够的初值,试件受载过程中,读数从初值逐渐减小。

(3)自行拟订加载方案。选取适当的初载荷 P_0(一般取 $P_0 = 10\% P_{max}$),确定三点挠度仪上千分表的初读数,估算最大载荷 P_{max}(该实验载荷范围≤200 N),确定三点挠度仪上千分表的读数增量,一般分 4 ~ 6 级加载。

(4)实验采用多点测量中半桥单臂公共补偿接线法。将等强度梁上各点应变片按序号接到电阻应变仪测试通道上,温度补偿片接电阻应变仪公共补偿端,调节好电阻应变仪的灵敏系数,使 $K_0 = 2.00$。

(5)按自行设计的桥路接好导线,调整好仪器,检查整个测试系统是否处于正常工作状态。

(6)实验加载。用均匀慢速加载至初载荷 P_0,记下各点应变片和三点挠度仪的初读数,然后逐级加载,每增加一级载荷,依次记录各点应变仪及三点挠度仪的读数,直至最终载荷。实验至少重复三次,将实验数据填入表 3-4。

表 3-4　实 验 数 据

载荷/N		P	0	40	80	120	160	200
		ΔP		40	40	40	40	40
应变仪读数 $\mu\varepsilon$	R_1	ε_1						
		$\Delta\varepsilon_1$						
		平均值 $\overline{\Delta\varepsilon_1}$						
	R_2	ε_2						
		$\Delta\varepsilon_2$						
		平均值 $\overline{\Delta\varepsilon_2}$						
	R_3	ε_3						
		$\Delta\varepsilon_3$						
		平均值 $\overline{\Delta\varepsilon_3}$						
	R_4	ε_4						
		$\Delta\varepsilon_4$						
		平均值 $\overline{\Delta\varepsilon_4}$						
挠度值		f						
		Δf						
		平均值 $\overline{\Delta f}$						

(7)做完实验后,卸掉载荷,关闭电源,整理好所用仪器设备,清理实验现场,将所用仪器

设备复原,实验资料交指导教师检查签字。

五、实验结果处理

(1)取应变仪读数应变增量的平均值,计算每个应变片的灵敏系数 K_i。

$$K_i=\frac{\Delta R/R}{\varepsilon}=\frac{K_0\ \varepsilon_d}{hf}\left(\frac{a^2}{4}+f^2+hf\right)\qquad(i=1,2,\cdots,n)$$

(2) 计算应变片的平均灵敏系数 K。

$$K=\frac{\sum K_i}{n}\qquad(i=1,2,\cdots,n)$$

(3) 计算应变片灵敏系数的标准差 S。

$$S=\sqrt{\frac{1}{n-1}\sum(K_i-K)^2}\qquad(i=1,2,\cdots,n)$$

实验五　材料弹性模量 E 和泊松比 μ 的测定

一、实验目的

(1)测定常用金属材料的弹性模量 E 和泊松比 μ。

(2)验证胡克(Hooke)定律。

二、实验设备和仪器

(1)组合实验台中拉伸装置(见图 3-10)。

(2)CML-1H 系列应力-应变综合参数测试仪。

(3)游标卡尺、钢板尺。

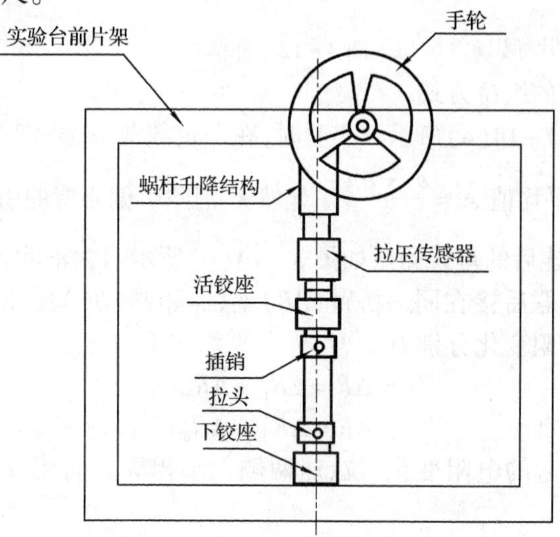

图 3-10　组合实验台中的拉伸装置

三、实验原理和方法

试件采用矩形截面试件，电阻应变片分布方式如图 3－11 所示。在试件中央截面上，沿前后两面的轴线方向分别对称的贴一对轴向应变片 R_1、R_1' 和一对横向应变片 R_2、R_2'，以测量轴向应变 ε 和横向应变 。

（一）弹性模量 E 的测定

由于实验装置和安装初始状态的不稳定性，拉伸曲线的初始阶段往往是非线性的。为了尽可能减小测量误差，实验宜从初载荷 $P_0(P_0 \neq 0)$ 开始，采用增量法，分级加载，分别测量在各相同载荷增量 ΔP 作用下，产生的应变增量 $\Delta\varepsilon$，并求出 $\Delta\varepsilon$ 的平均值。设试件初始横截面面积为 A_0，又因 $\varepsilon = \dfrac{\Delta l}{l}$，则有 $E = \dfrac{\Delta P}{\Delta\varepsilon A_0}$，即为增量法测 E 的计算公式。

式中 A_0——试件截面面积；

$\Delta\varepsilon$——轴向应变增量的平均值。

用上述板试件测 E 时，合理地选择组桥方式可有效地提高测试灵敏度和实验效率。

补偿片及布片标识如图 3－12 和图 3－13 所示。

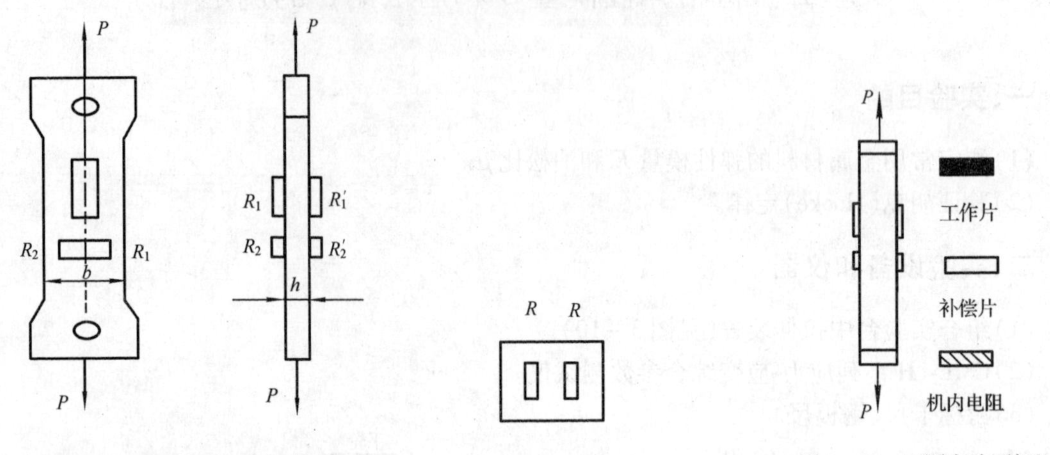

图 3－11 拉伸试件及布片标识 图 3－12 补偿片 图 3－13 不同布片图标识

下面讨论几种常见的组桥方式。

（1）单臂测量如图 3－14（a）所示。实验时，在一定载荷下，分别对前、后两枚轴向应变片进行单片测量，并取其平均值 $\bar{\varepsilon} = \dfrac{\varepsilon_1 + \varepsilon'_1}{2}$。显然 $\bar{\varepsilon}$ 消除了偏心弯曲引起的测量误差。

（2）轴向应变片串连后的单臂测量如图 3－14（b）所示。为消除偏心弯曲引起的影响，可将前后两轴向应变片串联后接在同一桥臂（AB）上，而邻臂（BC）接相同阻值的补偿片。受拉时两枚轴向应变片的电阻变化分别为

$$\Delta R = \Delta R_{\mathrm{L}} + \Delta R_{\mathrm{M}}$$
$$\Delta R = \Delta R'_{\mathrm{L}} - \Delta R_{\mathrm{M}}$$

ΔR_{M} 为偏心弯曲引起的电阻变化，拉、压两侧大小相等方向相反。根据桥路原理，AB 桥臂有

$$\frac{\Delta R}{R} = \frac{(\Delta R_{\mathrm{L}} + \Delta R_{\mathrm{M}} + \Delta R'_{\mathrm{L}} - \Delta R_{\mathrm{M}})}{(R_1 + R'_{\mathrm{L}})} = \frac{\Delta R_{\mathrm{L}}}{R_1}$$

因此轴向应变片串联后，偏心弯曲的影响自动消除，而应变仪的读数就等于试件的应变即 $\varepsilon_p=\varepsilon_d$，很显然这种测量方法没有提高测量灵敏度。

（3）串联后的半桥测量如图 3－14(c)所示。

将两轴向应变片串联后接 AB 桥臂；两横向应变片串联后接 BC 桥臂，偏心弯曲的影响可自动消除，而温度影响也可自动补偿。根据桥路原理

$$\varepsilon_d=\varepsilon_1-\varepsilon_2-\varepsilon_3+\varepsilon_4$$

其中，$\varepsilon_1=\varepsilon_p$；$\varepsilon_2=-\mu\varepsilon_p$，$\varepsilon_p$代表轴向应变，$\mu$ 为材料的泊松比。由于 ε_3、ε_4为零，故电阻应变仪的读数应为

$$\varepsilon_d=\varepsilon_p(1+\mu)$$

有

$$\varepsilon_p=\frac{\varepsilon_d}{(1+\mu)}$$

如果材料的泊松比已知，这种组桥方式使测量灵敏度提高$(1+\mu)$倍。

（4）相对桥臂的测量如图3－14(d)所示。将两轴向应变片分别接在电桥的相对两臂(AB、CD)，两温度补偿片接在相对桥臂(BC、DA)，偏心弯曲的影响可自动消除。根据桥路原理

$$\varepsilon_d=2\varepsilon_p$$

测量灵敏度提高两倍。

（5）全桥测量。按图 3－14(e)的方式组桥进行全桥测量，不仅消除偏心和温度的影响，而且测量灵敏度比单臂测量时提高 $2(1+\mu)$倍，即

$$\varepsilon_d=2\varepsilon_p(1+\mu)$$

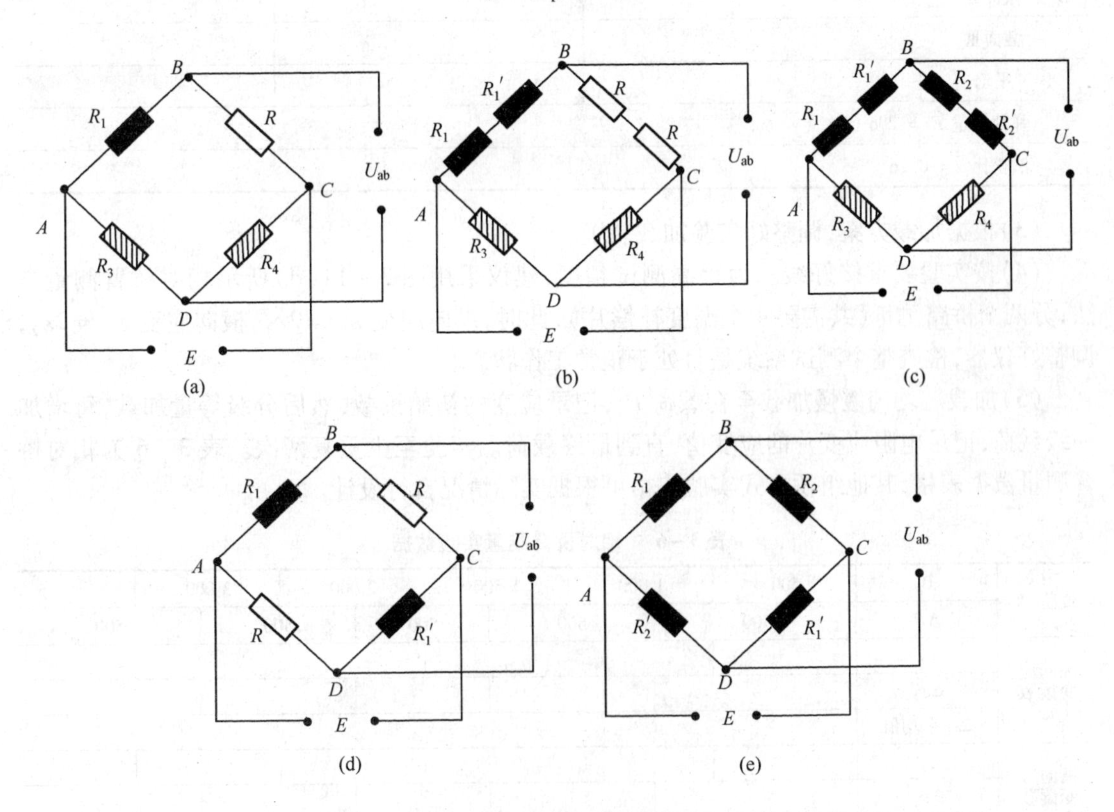

图 3－14　几种不同的组桥方式

（二）泊松比 μ 的测定

利用试件上的横向应变片和纵向应变片合理组桥。为了尽可能减小测量误差，实验宜从初载荷 P_0（$P_0 \neq 0$）开始，采用增量法，分级加载，分别测量在各相同载荷增量 ΔP 作用下，横向应变增量 $\Delta\varepsilon'$ 和纵向应变增量 $\Delta\varepsilon$。按下式求得泊松比 μ

$$\mu = \left| \frac{\Delta\bar{\varepsilon}'}{\Delta\bar{\varepsilon}} \right|$$

式中　$\Delta\bar{\varepsilon}'$——横向应变增量平均值；

$\Delta\bar{\varepsilon}$——纵向应变增量平均值。

四、实验步骤

（1）测量试件尺寸。在试件标距范围内，测量试件三个横截面尺寸，取三处横截面面积的平均值作为试件的横截面面积 A_0，并将试件相关几何尺寸数据填入表 3－5 中。

（2）拟定加载方案。先选取适当的初载荷 P_0（一般取 $P_0 = 10\% P_{max}$），估算 P_{max}（该实验载荷范围 $P_{max} \leqslant 5\ 000$ N），分 4～6 级加载。

表 3－5　试件相关几何尺寸数据

试　件	厚度 h/mm	宽度 b/mm	横截面面积 $A_0 = bh$/mm^2
截面Ⅰ			
截面Ⅱ			
截面Ⅲ			
平均			
弹性模量 E = 206 GPa			
泊松比 μ = 0.26			

（3）根据加载方案，调整好实验加载装置。

（4）按实验要求接好线。为提高测试精度，建议采用图 3－14（d）所示相对桥臂测量方法，分两个桥路测量（共需要 4 个温度补偿片），此时，纵向应变 $\varepsilon_{du} = 2\varepsilon_1$，横向应变 $\varepsilon_{du} = 2\varepsilon_2$，调整好仪器，检查整个测试系统是否处于正常工作状态。

（5）加载。均匀缓慢加载至初载荷 P_0，记录应变的初始读数，然后分级等量加载，每增加一级载荷，记录电阻应变片的应变值，直到最终载荷。实验至少重复两次。表 3－6 为相对桥臂测量数据表格，其他组桥方式实验表格可根据实际情况自行设计。

表 3－6　相对桥臂测量实验数据

载荷/N	0	500	1 000	1 500	2 000	3 000		
	ΔP	500	500	500	500	500		
轴向应变读数 $\mu\varepsilon$	ε_1							
	$\Delta\varepsilon_1$							
	$\Delta\varepsilon_1$ 平均值							
横向应变读数 $\mu\varepsilon$	ε_2							
	$\Delta\varepsilon_2$							
	$\Delta\varepsilon_2$ 平均值							

(6)做完实验后,卸掉载荷,关闭电源,整理好所用仪器设备,清理实验现场,将所用仪器设备复原,实验资料交指导教员检查签字。

五、实验结果处理

可依据下列公式进行计算:

$$E=\frac{\Delta P}{\overline{\Delta\varepsilon_1}A_0}\qquad \mu=\left|\frac{\overline{\Delta\varepsilon_2}}{\overline{\Delta\varepsilon_1}}\right|$$

实验六　条件屈服应力 $\sigma_{0.2}$ 的测定

低碳钢的拉伸曲线特征明显,弹性阶段、屈服阶段、强化阶段界限清晰,但是,由于强度较低、耐腐蚀性差等因素,低碳钢在实际场合应用的是很少的。工程中大量使用的金属如中碳钢、40Cr、16Mn 等钢材以及硬铝、黄铜等材料,在拉伸实验时并不存在明显的屈服平台,拉伸曲线从弹性变形到塑性变形是光滑过渡的。由于屈服不明显,对于这样的材料,工程上采用产生 0.2% 的残余应变时所对应的应力来定义屈服应力,称为条件屈服应力,用 $\sigma_{0.2}$ 来表示。$\sigma_{0.2}$ 与 σ_s 一样,用来限制材料在服役时可能产生的过量塑性变形,如果工作应力超过 $\sigma_{0.2}$,即认为构件失效。

一、实验目的

(1)测定给定材料的弹性模量 E 和条件屈服应力 $\sigma_{0.2}$。

(2)用数值法计算给定材料的弹性模量 E 和条件屈服应力 $\sigma_{0.2}$。

(3)学习引伸计的使用方法。

二、实验设备和仪器

(1)DNS 电子式万能试验机。

(2)应变式引伸计(初始标距 $l_0=50$ mm),如图 3-15 所示。

(3)游标卡尺。

图 3-15　引伸计

三、实验原理与方法

本实验在 DNS-100 型电子式万能试验机上进行，采用中碳钢制作圆棒试样，如图3－16所示，试样的工作部分（指测量变形部分）均匀光滑以确保材料的单项应力状态，l_c 为整个均匀段的长度，有效工作长度称为标距 l_0，在本实验中即为引伸计两个刀口（如图 3－15 右边缘的薄片）之间的距离。初始标距 $l_0 = 50$ mm，d_0 和 A_0 分别为工作部分的初始直径和初始面积，试件的过渡部分以适当的圆角降低应力集中。

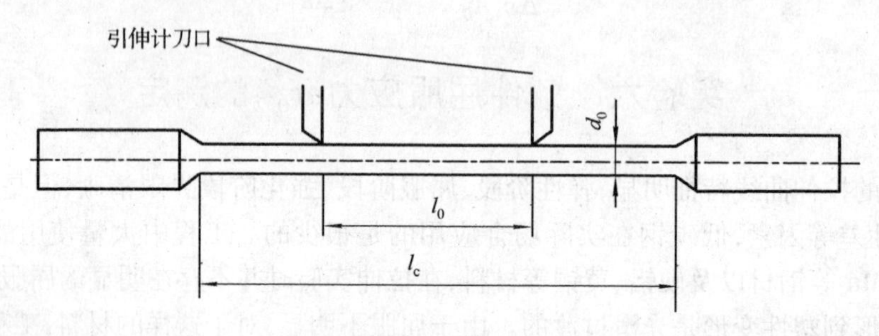

图 3－16 圆棒试样

拉伸实验的载荷-伸长记录曲线如图 3－17 所示，由单向拉伸时的胡克定律可得

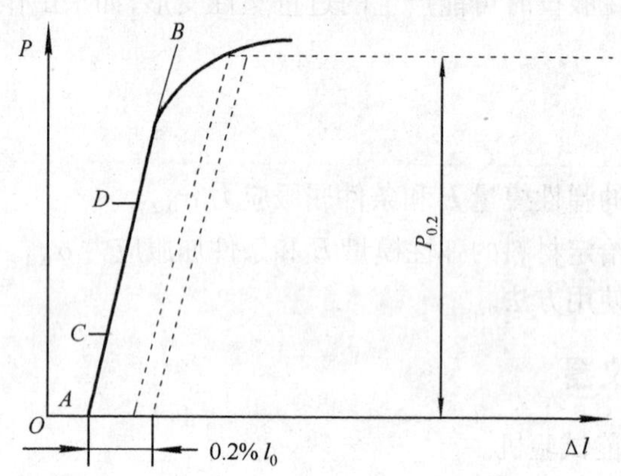

图 3－17 拉伸实验的载荷-伸长记录曲线

$$E = \frac{Pl_0}{\Delta l A_0}$$

在拉伸曲线上选取 C、D 两点，选取的原则是 C、D 间包含的线段线性良好，使用 C、D 两点的 P 值和 Δl 值即可求得弹性模量 E。

从记录曲线的零点水平量取残余变形量 0.2% l_0，做平行于弹性阶段的斜直线（割线），与载荷－伸长记录曲线的交点 B 所对应的荷载为条件屈服荷载 $P_{0.2}$，则条件屈服应力为

$$\sigma_{0.2} = \frac{P_{0.2}}{A_0}$$

四、实验步骤

（1）原始尺寸测量。测量试件直径 d_0，在标距中央及两条标距线附近各取一截面进行测

量,每截面沿互相垂直方向各测一次取平均值,d_0 采用三个平均值中的最小值。

(2)初始条件设定。包括输入试件尺寸参数;选定欲求力学性能指标弹性模量 E、条件屈服应力 $\sigma_{0.2}$;引伸计参数;实验速度等,方法同低碳钢拉伸实验,详细操作参阅本书附录C。

(3)试件安装。方法同低碳钢拉伸实验。

(4)引伸计安装。应变式引伸计的固定依靠其两个刀口嵌入试件表面,由于中碳钢硬度较高,如果无专门措施,试验中刀口容易打滑,使变形输出不准确。比较简单的固定措施是:使用高硬度刀片在标距线处划出一微小凹槽,将刀口嵌入其中,或者用快干胶在刀口内侧试件上粘贴一微小阻挡块。

安装引伸计动作要轻,确信安装牢固后再抽下定位销。

(5)载荷清零,变形清零。

(6)进行加载实验。密切观察变形曲线。

(7)当载荷-变形曲线出现明显的非线性时,及时停止加载。注意整个加载范围的变形都不能超出引伸计最大量程,否则,应在引伸计参数设定时输入摘除引伸计时刻参数。

(8)保存数据。

五、实验结果处理

(1)DNS-100型电子式万能试验机的软件程序中有弹性模量 E 和 $\sigma_{0.2}$ 的自动计算功能,如果在参数设定时已选定以上两者,实验结束,计算机将自动输出实验结果。

(2)如果做图分析,可在载荷-变形图上选定 C、D 两点,然后导出数据表,找到 C、D 两点对应的 P_C、P_D 和 Δl_C、Δl_D,代入下式:

$$E=\frac{(P_D-P_C)l_0}{(\Delta l_D-\Delta l_C)A_0}$$

求 $\sigma_{0.2}$ 的做法如下:

① 先计算 $\Delta l=0.2\%\times l_0$。

② 在数据表上找到与 Δl 对应的 $P_{0.2}$。

③ 代入 $\sigma_{0.2}=\frac{P_{0.2}}{A_0}$。

实验七　真应力-真应变曲线测定

单向拉伸过程中试件的横截面积是不断变小的,因此在测定屈服极限与强度极限时,使用试件的原始横截面积 A_0 将会产生一定量的微变形,在弹性范围内,这种微变形的影响可以忽略,所以工程中的强度极限与屈服极限事实上都是名义应力。当研究断裂力学中裂纹前方的应力应变场、裂纹尖端的钝化特性及扩展规律、大变形条件下工作的构件与材料的变形与断裂行为等问题,以及材料的塑性成形加工工艺时,上述不符可能会带来重大误差,甚至是理论不通的,因此,通过单轴拉伸实验,确定材料塑性变形规律和强化特性参数,具有实用意义。

一、实验目的

(1)测定材料的真应力-真应变曲线,并与名义应力-应变曲线进行比较。

（2）采用一元线性回归方法，求出材料的形变强化指数。

二、实验设备和仪器

（1）DNS 电子式万能试验机。

（2）应变式引伸计（初始标距 $l_0 = 50$ mm）。

（3）游标卡尺。

三、试样

材料塑性性能测试应便于与常规实验的性能参数比较，因此，真应力-真应变曲线测定采用国家标准规定的标准圆棒试样，其尺寸及加工要求均与普通拉伸实验一致，如图 3－18 所示。

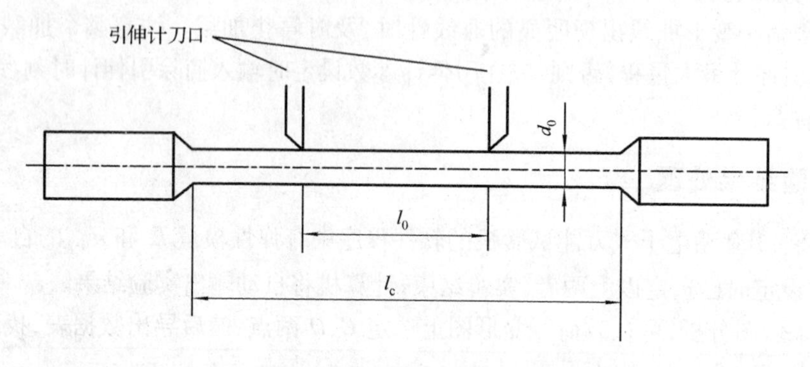

图 3－18　真应力-真应变曲线测定采用的试件

四、实验原理

1. 真应力-真应变曲线

在拉伸过程中由于试件任一瞬时的面积 A 和标距 $l(l_0+\Delta l)$ 随时都在变化，而名义应力 σ 和名义应变 ε 是按初始面积 A_0 和标距 l_0 计算的，因此，任一瞬时的真实应力 s 和真实应变 e 与相应的 σ 和 ε 之间都存在着差异，进入塑性变形阶段这种差异逐渐加大，在均匀变形阶段，真实应力 s 的定义为

$$s = \frac{P}{A}$$

根据塑性变形体积不变的假设（$V = A_0 l_0 = Al$）有

$$s = \frac{Pl}{A_0 l_0} = \sigma(1+\varepsilon)$$

真实应变 e（ 也叫对数应变）的定义为

$$e = \int_{l_0}^{l} \frac{dl}{l} = \ln \frac{l}{l_0} = \ln(1+\varepsilon)$$

将上式展开

$$e = \varepsilon - \frac{\varepsilon_2}{2} + \frac{\varepsilon_3}{3} - \cdots$$

这说明在均匀变形阶段，真应力恒大于名义应力，而真应变恒小于名义应变。在弹性阶段由于应变值很小，两者的差异很小，没有必要加以区分。

2. 变形强化指数

实验表明，大多数金属材料的真应力-真应变关系可以近似用 Hollomon 公式（即幂强化关系）描述：

$$s = Ke^n$$

式中，n 即为形变强化指数，是表征材料形变强化能力的一个指标，也是断裂力学塑性力学分析计算的重要材料参数；K 为另一个参数。

将 Hollomon 公式两端取对数后得

$$\ln s = \ln K + n\ln e$$

说明幂强化关系在双对数坐标下为一直线，其斜率即为材料的形变强化指数，用一元线性回归对均匀变形阶段的一组数据进行直线拟合，即可求得 n 值。

3. 最大均匀变形与颈缩分析

拉伸实验时，试件处在均匀变形阶段的前提是，材料具有足够的形变强化能力，在最大载荷（$P = sA$）处，有 $\mathrm{d}P = A\mathrm{d}s + s\mathrm{d}A = 0$，即

$$-\frac{\mathrm{d}A}{A} = \frac{\mathrm{d}s}{s}$$

另外，按塑性变形体积不变（$\mathrm{d}V = A\mathrm{d}l + l\mathrm{d}A = 0$）的假设可以写出：

$$-\frac{\mathrm{d}A}{A} = \frac{\mathrm{d}l}{l} = \mathrm{d}e$$

结合以上两式，有 $s = \mathrm{d}s/\mathrm{d}e$ ，代入 Hollomon 公式求导以后的关系式 $\mathrm{d}s/\mathrm{d}e = nKe^{n-1}$ 可得 $e = n$。

这个关系式说明，对于真应力-真应变关系符合 Hollomon 关系的材料，其最大均匀变形在数值上等于形变强化指数。

在颈缩阶段，虽然荷载下降了，但颈缩区的材料仍在继续强化，换而言之，真应力必须不断提高变形才有可能继续增加，颈缩区的形状类似于一个环形的缺口，颈缩区中心材料的横向收缩，受到周围部分的约束，从而产生三向拉应力状态，使得应力提高，颈缩区的应力可采用 Hollomon 公式进行修正：

$$s = \frac{s'}{\left(1 + \frac{2R}{a}\right)\ln\left(1 + \frac{a}{2R}\right)}$$

式中　$s' = P/\pi a^2$；

a——颈缩区最小截面的半径；

R——颈缩区轮廓线的曲率半径，如图 3-19 所示。

五、实验步骤

（1）原始尺寸测量。测量试件直径，在标距中央及两条标距线附近各取一截面进行测量，每截面沿互相垂直方向各测一次取平均值，采用三个截面平均值中的最小值。

（2）初始条件设定。包括输入试件尺寸参数，选择合适的变形量程，设定实验速度，设定引伸计摘取时间。

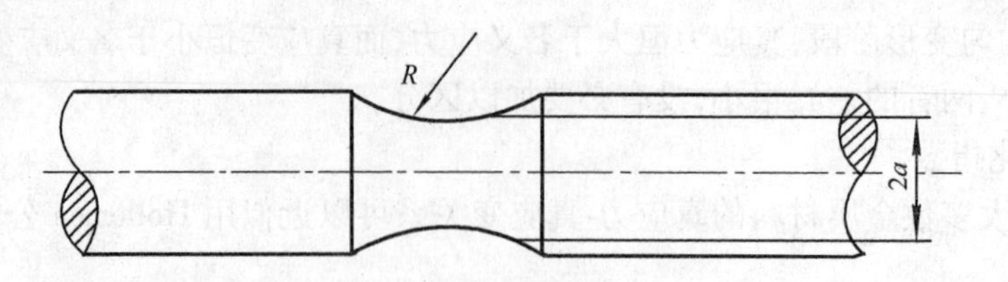

图 3－19　颈缩区轮廓线的图示

(3) 安装试件，安装引伸计。

(4) 进行加载实验。注意观察试件，观察曲线与变形显示值。

(5) 及时摘取引伸计。引伸计量程有限，应按照计算机提示及时摘取，以免造成损坏，摘取引伸计之前先单击“摘取引伸计”按钮，单击后计算机显示的是载荷位移曲线，试样断裂后自动停止。

(6) 保存数据，取下试件，实验结束。

六、实验结果整理

(1) 在记录曲线的均匀变形阶段按一定的间隔取点，从导出数据表上找到相应的 P 值和 Δl 值，总点数不少于 10 个。

(2) 计算各点的 σ、ε、e、s。

(3) 在同一坐标纸上画出 σ-ε 和 s-e 曲线。

(4) 用一元线性回归公式，求出材料的形变强化指数 n 以及 K，并给出标准差和相关系数。

第三部分

振动实验（自主性实验）

第四章　自主性实验一

实验一　简谐振动幅值与频率的测量

一、实验目的

(1)了解简单振动测试系统的组成。

(2)掌握激振器、加速度传感器、电荷放大器等常用仪器的使用方法。

(3)掌握测试简谐振动系统振幅及振动频率的基本方法。

二、实验仪器与原理

本次实验使用的 XH1008 型振动综合教学试验台,由激振系统(信号发生器、功率放大器、激振器)、测试系统(电荷放大器、数据采集仪)和分析系统(信号分析软件)组成。激振系统是激发被测结构或机械的振动。测试系统是将振动量加以转换、放大、显示或记录。分析系统是将测得的结果加以处理,根据研究的目的求得各种曲线和振动参数。

本次试验采用简支梁承受周期循环外载的强迫振动,在时域上采集到波形信号,通过快速傅里叶变换算法(FFT),转换为频域上的频谱,从而在频谱中测得振动的幅值和频率。

三、实验方法及步骤

(1)正确连接激振器、加速度传感器、采集仪等输入输出接口,如图 4-1 所示。需要注意的是,加速度传感器为磁吸固定,放置时,要倾斜一定角度缓慢地将磁性底座吸附于简支梁上,不可瞬间垂直吸附,否则额外的冲击会造成仪器设备的使用寿命减小。

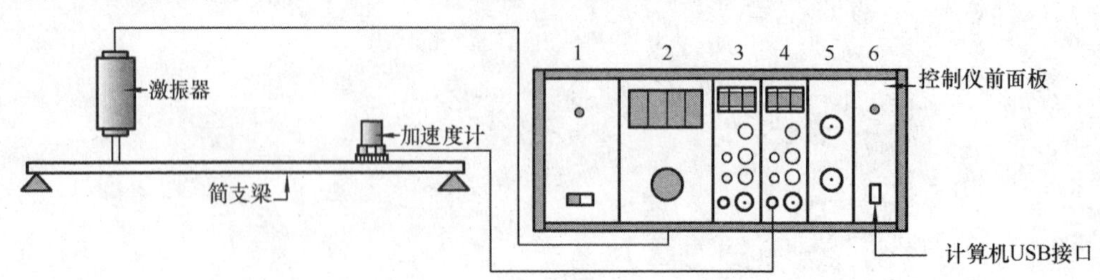

图 4-1　实验设备连接及原理图

1—电源(220 V);2—功率放大器;3—电荷放大器 1;

4—电荷放大器 2;5—应变仪(选配);6—数据采集仪。

(2)将采集仪前面板功率放大器调节旋钮逆时针旋到最小;在接电荷传感器时,一定把输入选择开关拨向“电压”端,以防电荷变换击穿。接好电荷传感器后,把输入选择开关拨向“电荷”端,预热 5 min 后开始正常测试,如图 4－2 所示。

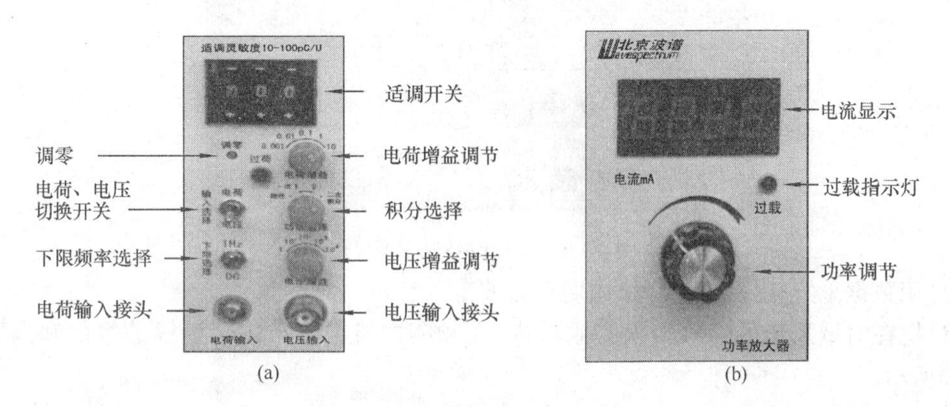

图 4－2　电荷放大器和功率放大器

(3)启动计算机桌面上的 Vib’EDU 程序(见图 4－3),单击“实验 5.2　简谐振动幅值和频率测量”按钮,进入实验项目。

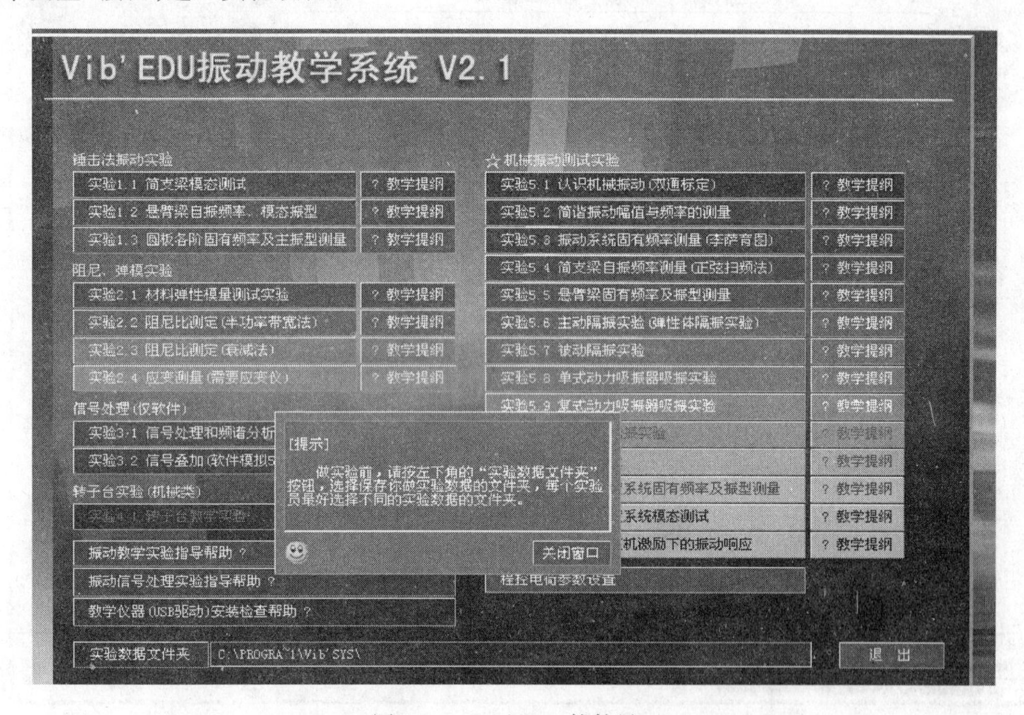

图 4－3　Vib’EDU 软件界面

(4)利用“程控信号发生器(信号源)”对话框调节控制输出的频率。单击“开始测试”按钮▷,如图 4－4 所示。

(5)顺时针旋转“功率调节”旋钮,观察电流显示表指示,调节到适当的电流,注意过载指示灯亮,如图 4－2(b)所示。

(6)逐渐增大其输出功率直至从数据采集软件的显示窗口能观察到光滑的正弦波。若功率放大器输出功率已较大仍得不到光滑的正弦波,应改变信号发生器的频率。

需要注意的是,采样通道一定要设置到 16 通道(加速度传感器的信号采集通道);加大采样频率可以使幅频曲线更加密集,数据误差更小。

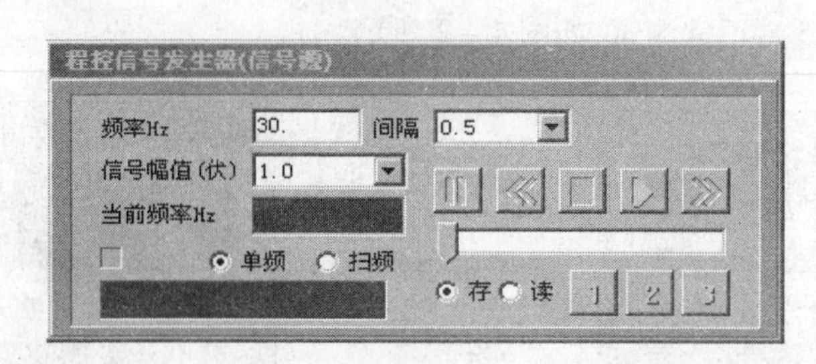

图4-4　程控信号发生器界面

(7)用数据采集软件采集10个周期正弦波。

(8)把在时域采集的信号转换为频域内,在频响曲线上标出每个谱线的幅值和频率,如图4-5所示。

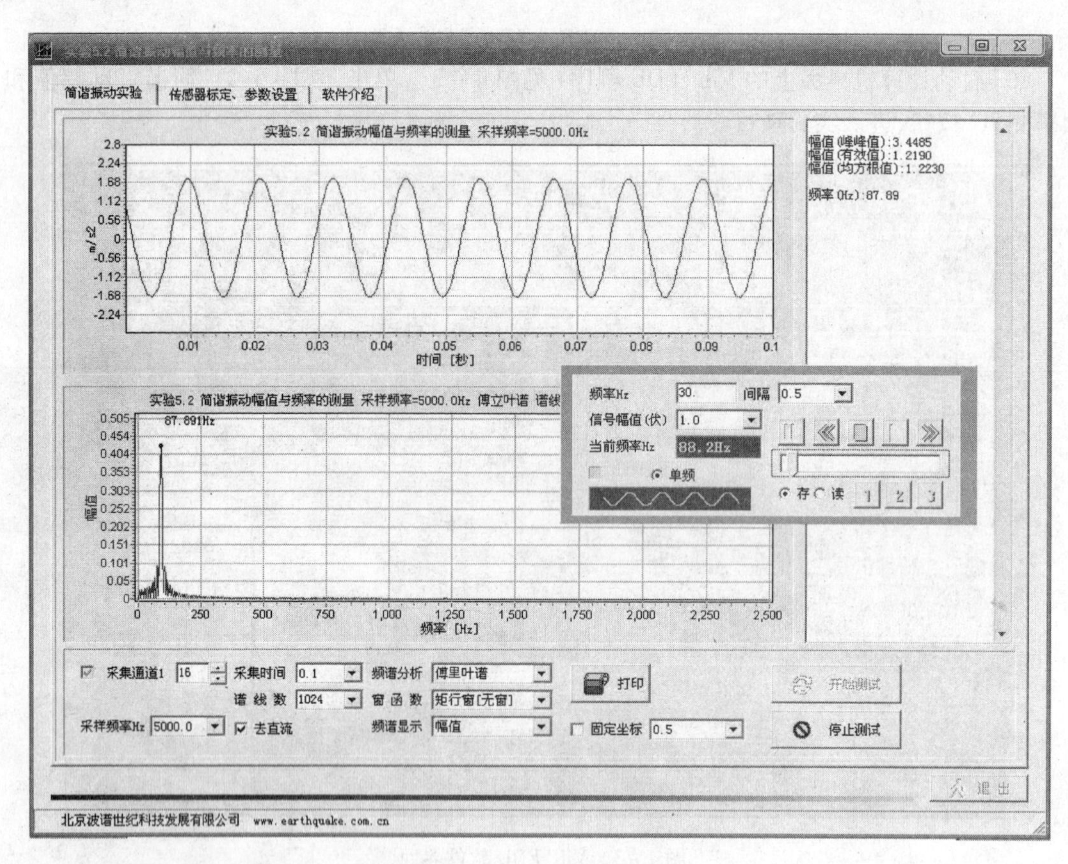

图4-5　实验进行时的软件界面

四、思考题

(1)简谐振动和一般振动有哪些不同?

(2)从软件界面上观察到的是什么量的幅值、频率?

(3)借助于本套实验仪器还可以进行哪些振动实验?

实验二　简支梁固有频率测量

一、实验目的

(1)进一步了解简单振动测试系统使用方法。

(2)以简支梁为例,了解和掌握如何由幅频特性曲线得到系统的固有频率。

二、实验仪器与原理

简支梁系统在周期干扰力作用下,以干扰力的频率作受迫振动。振幅随着振动频率的改变而变化。由此,通过改变干扰力(激振力)的频率,以频率为横坐标,以振幅为纵坐标,得到的曲线即为幅频特性曲线。测试框图如图4-6所示。

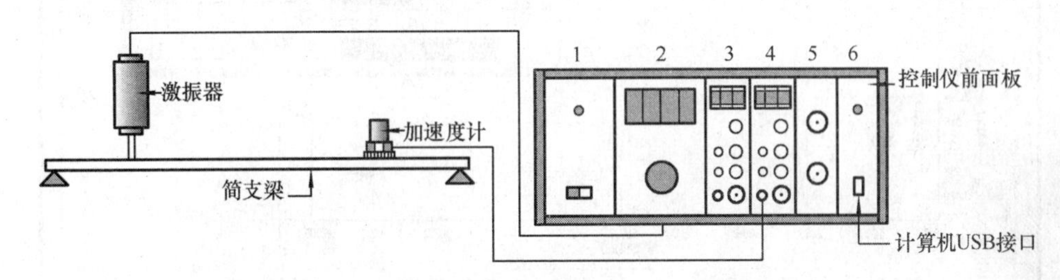

图4-6　实验设备连接和实验原理图

1—电源(220 V);2—功率放大器;3—电荷放大器1;

4—电荷放大器2;5—应变仪(选配);6—数据采集仪。

三、实验方法和步骤

(1)同第四章实验一的步骤(1)。

(2)同第四章实验一的步骤(2)。

(3)启动计算机桌面上的Vib'EDU软件,单击"实验5.4　简支梁自振频率测量频率测量(正弦扫频法)"按钮,进入实验项目,如图4-3所示。

(4)用程控信号发生器调节控制输出的频率。选择扫频,而不是单频,扫频范围为20～1 000 Hz,扫频间隔频率可选择2 Hz;单击"开始测试"按钮▷。需要注意的是,采样通道一定要设置到16通道(加速度传感器的信号采集通道);加大采样频率可以使幅频曲线更加密集,数据误差更小。

(5)顺时针旋转"功率调节"旋钮,观察电流显示表指示,调节到适当的电流,逐渐增大其输出功率直至从数据采集软件的显示窗口能观察到光滑的正弦波,注意过载指示灯亮。观察简支梁的振动情况,若振动过大则减小功率放大器的输出功率。

(6)保持功率放大器的输出功率恒定,用软件采集扫频加速度响应,软件能自动记录梁的频响曲线,如图4-7所示。

(7)单击曲线的共振峰,程序能显示出曲线对应点的频率值;右击,软件能弹出"图形复制到剪切板"菜单,按这个菜单可把曲线剪切到Windows的剪切板内,这样可把曲线粘贴到其他软件内(如Word等),用于编写实验报告。

本试验的另一种做法是李萨育图形法，在步骤(3)中单击“实验 5.3　振动系统固有频率测量(李萨育图形法)”按钮即可进行。

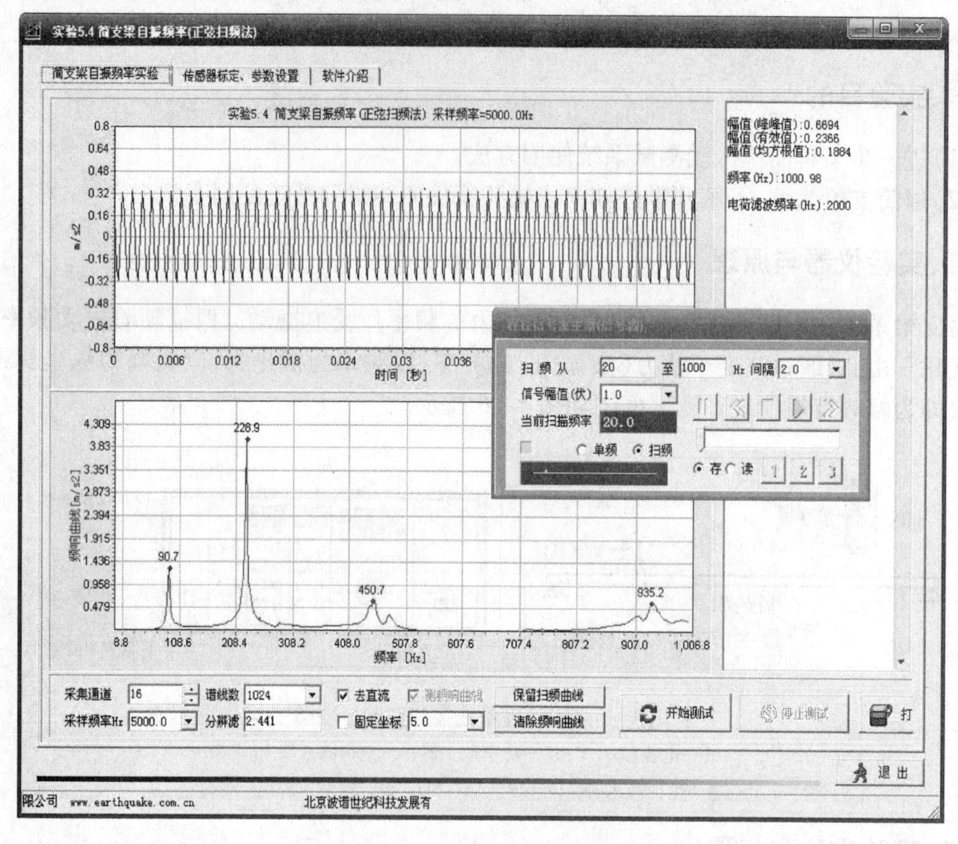

图 4－7　实验完毕后的软件界面

四、思考题

(1)什么是共振？什么是共振发生的条件？

(2)简支梁有多少固有频率？

实验三　油阻尼减振器实验

一、实验目的

(1)建立阻尼减振的概念，了解阻尼器对结构自振频率的影响。

(2)掌握油阻尼减振器的性能、应用及其安装调整方法，验证阻尼减振理论。

二、实验仪器与原理

机械系统中，结构的自振频率与结构本身和支撑结构有关，增加阻尼器能改变系统的自振频率，起到减振效果。

所谓减振就是设法消耗系统的振动能量，阻尼减振器是利用阻尼材料来消耗振动能量，实现减振,油阻尼减振器是靠流体的粘性阻尼来消耗振动能量实现减振。油阻尼减振器的结构及原理:油缸中装入润滑或硅油,用固定杆固定到梁上,利用调整油缸体内的活塞的高度来实现阻尼作用,如图4－8所示。阻尼器本身也有工作频率范围,在工作范围内系统的自振频率会降低,振动幅值也会降低,而在阻尼工作范围以外,阻尼器可能产生共振现象,在该范围内阻尼器就不能起作用了。当油缸产生高频振动时,油也不起作用了。

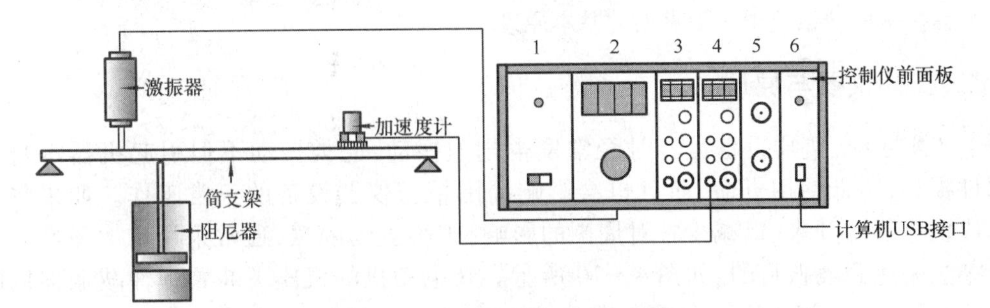

图4－8　阻尼减振实验设备连接和实验原理图

1—电源(220 V);2—功率放大器;3—电荷放大器1;

4—电荷放大器2;5—应变仪(选配);6—数据采集仪。

三、实验方法和步骤

按照第四章实验二的实验方法和步骤进行步骤(1)～(7),然后单击"保留频响曲线"按钮,保留频响曲线。

最后将油阻尼器安装到梁上(旋紧油阻尼器上的蝶形扣,保证传感器、激振器的位置和设置不变),重复上次相同的扫频过程,从曲线图观察,油阻尼器对简支梁的各阶固有频率的影响。得到的两种情况对比大致如图4－9所示。

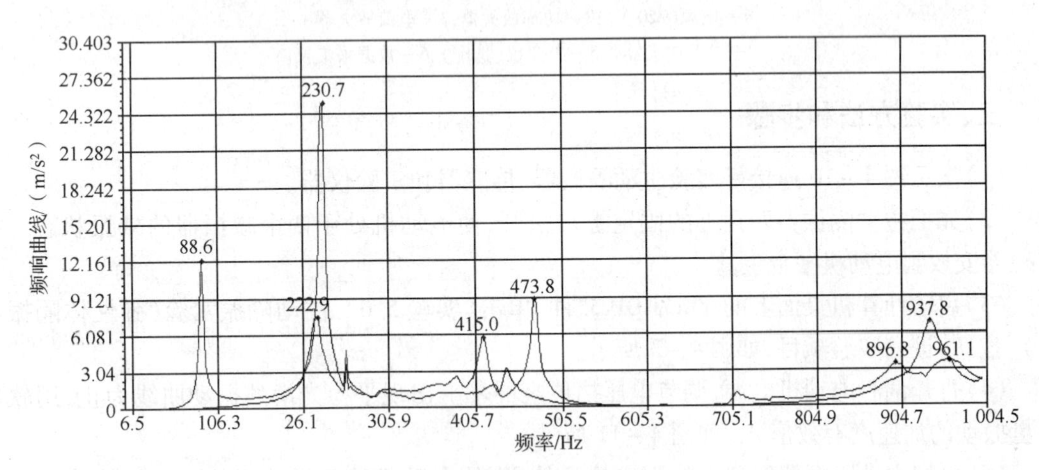

图4－9　油阻尼和无阻尼情况下简支梁的固有频率和幅值比较

四、思考题

(1)油阻尼减振的原理是什么?

(2)除油阻尼之外还有什么办法能达到减振目的?

(3)在结构上加装油阻尼器后对其固有频率和振幅有哪些影响?

实验四　主动隔振实验

一、实验目的

了解机械振动系统中主动隔振的基本原理。

二、实验仪器与原理

生产实践中，机器设备运转时经常发生剧烈振动，此类振动不但引起机器本身结构或部件损坏，降低使用寿命，而且也会影响周围精密仪器设备的正常工作。如果将其与地基或机座隔离开来，以减少它对周围的影响，则称主动隔振，通常采用增加弹性介质缓冲的办法来达到隔振目的，如图 4 - 10 所示。在电动机的机座下装置弹性减振器以隔离地基。

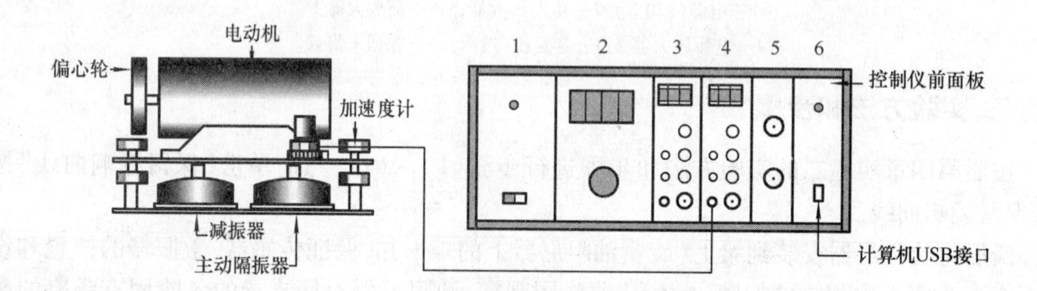

图 4 - 10　主动隔振实验设备连接和实验原理图

1—电源(220 V)；2—功率放大器；3—电荷放大器 1；
4—电荷放大器 2；5—应变仪(选配)；6—数据采集仪。

三、实验方法和步骤

(1)按示图 4 - 10 连接好实验主动隔振器、传感器和实验仪器。

(2)先把主动隔振器四角上的固定螺母松开，使电动机处于四个减振器的减振状态。把传感器安放到电动机平台上。

(3)启动计算机桌面上的 Vib'EDU 软件，单击“实验 5.6　主动隔振实验(弹性体隔振实验)”按钮，进入实验项目，如图 4 - 3 所示。

(4)打开偏心电动机电源，调节电压挡位至屏幕上出现平稳光滑的振动曲线为止，用软件测量振动的加速度有效值 A_1，如图 4 - 11 所示。

(5)再把主动隔振器四角上的固定螺母拧紧，使电动机处于无减振状态。把传感器安放到基础机座上，用软件测量振动的加速度有效值 A_2。

(6)用 A_1 和 A_2 计算减振系数。

操作时需要注意以下两点：

(1)主动隔振器的电机配有偏心旋转轮，实验前要仔细检查偏心旋转轮是否固定好，避免高速旋转时飞出。

(2)电动机转速调节器供电电压是220 V,输出电压能调节到280 V,实验时切不要接触电源,避免触电。

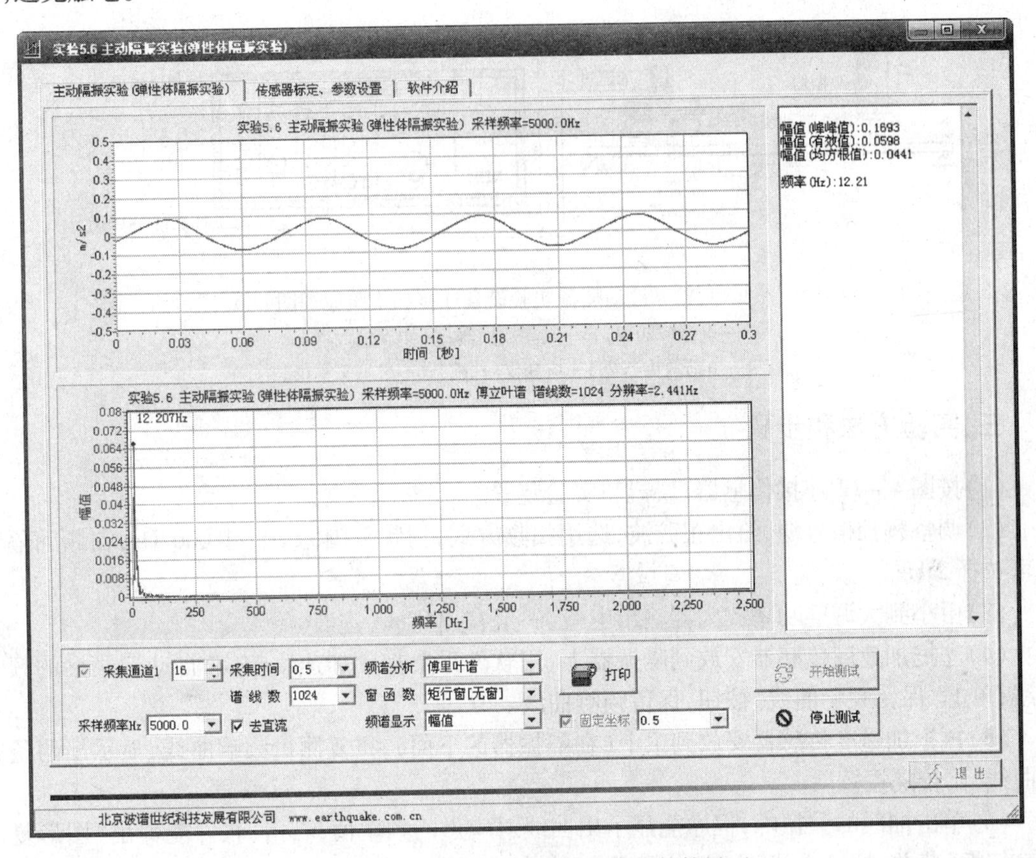

图4－11　主动隔振实验进行中的软件界面

四、思考题

(1)主动隔振原理是什么?

(2)工程上主动隔振有哪些应用?

(3)主动隔振对哪些频率振动能起到隔振作用?

实验五　被动隔振实验

一、实验目的

了解机械振动系统中被动隔振的基本原理。

二、实验仪器与原理

生产实践中,有时由于机座或者地基的振动而导致置于其上的精密仪器不能正常工作,此时,振源来自地基运动,为了减少外界振动传到仪器中,采用隔振器将其与地基隔离开来,称为被动隔振。通常采用增加弹性介质缓冲的办法来达到隔振目的,如图4－12所示。简支梁在周期性的激振力作用下发生振动，为了减少激振力对置于简支梁上的仪器的影响，通常在仪器下方加装弹性减振器以隔离振动。

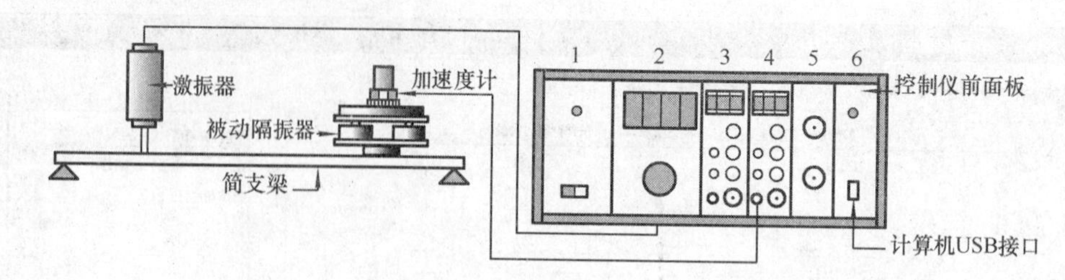

图4－12　被动隔振实验设备连接和实验原理图

1—电源（220 V）；2—功率放大器；3—电荷放大器1；4—电荷放大器2；5—应变仪（选配）；6—数据采集仪。

三、实验方法和步骤

（1）按图4－12连接传感器、仪器和实验装置。

（2）调整程控信号源，给出正弦波，选用扫频方式，扫频范围为20～1 000 Hz，扫频间隔频率可选择2 Hz。

（3）由小到大调整功率放大器输出电流，一般在100 mA左右。

（4）先把加速度传感器安放到隔振器上，用软件采集扫频加速度响应，自动记录梁的频响曲线，单击“保留频响曲线”按钮，保留频响曲线。

（5）再把加速度传感器安放到梁上（在隔振器的下面），重复测量频响曲线，显示出两条频响曲线，比较隔振效果。

（6）单击曲线的共振峰，程序能显示出曲线对应点的频率值；右击，软件能弹出“图形复制到剪切板”菜单，按这个菜单可把曲线剪切到Windows的剪切板内，这样可把曲线粘贴到其他软件内（如Word等），用于编写实验报告。

四、思考题

（1）被动隔振对哪些频率振动能起到隔振作用？

（2）工程上被动隔振有哪些应用？

实验六　多自由度系统固有频率及振型测量

一、实验目的

了解振型的概念，观察多自由度系统的各阶振型。

二、实验仪器与原理

振动系统的固有频率阶数与其自由度数是对应的。调整程控信号源的正弦波的频率，信号经功率放大器放大后推动非接触激振器，在非接触激振器的前端产生交变磁场，该磁场作用到钢弦上的振块上（金属），使钢弦产生振动，调整正弦波的频率使钢弦产生一阶、二阶和三阶振动。

三、实验方法和步骤

(1)按图4－13所示方法连接传感器、仪器和实验装置。与前面实验不同,本次实验中使用的是非接触式激振器,因此在连接线路时要用非接触式激振器的接线端代替接触式激振器的接线端插入相应插孔。

(2)打开程控信号发生器并调整信号源的单频正弦波的频率。

(3)调整功率放大器的输出电流,使钢弦振动明显,一般调到100 mA即可。

(4)手动改变程控信号源的频率,将信号发生器输出频率由低向高逐步调节,观察简钢弦的振动情况,若振动过大则减小功率放大器的输出功率。直至观察到钢弦出现一阶、二阶和三阶自振现象,如图4－14所示。钢弦的一阶、二阶、三阶自振频率都在65 Hz以内。

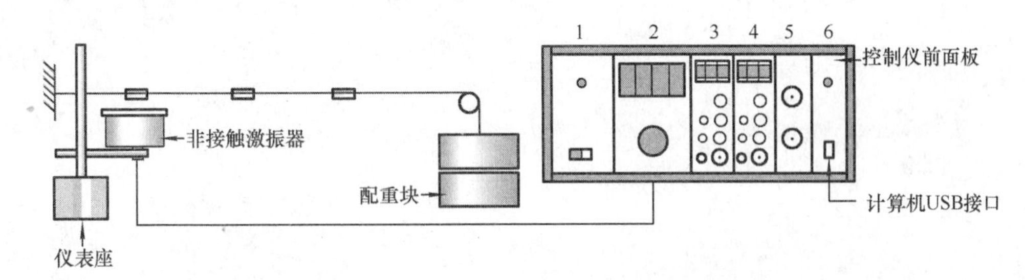

图4－13　多自由度系统固有频率和振型测量的实验设备连接和实验原理图

1—电源(220 V);2—功率放大器;3—电荷放大器1;

4—电荷放大器2;5—应变仪(选配);6—数据采集仪。

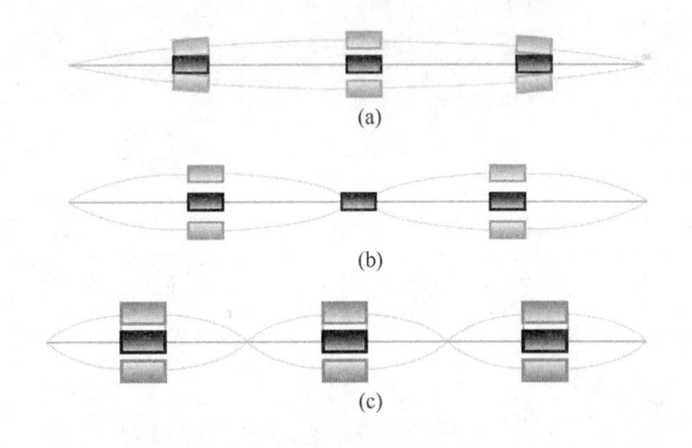

图4－14　多自由度钢弦的前三阶振型

(5)保持功率放大器的输出功率恒定,将信号发生器的频率重新由低向高逐步调节,记录调整频率的变化情况,采集各个调整频率下响应信号振动幅值对应的电压数据。

钢弦拉力计算公式:

$$T=\frac{4ml^2f_n^2}{n^2}$$

式中　f_n——钢弦第 n 阶固有振动频率;

m——钢弦的单位长度质量;

l——钢弦的长度。

四、思考题

(1)两自由度系统有几阶固有频率？有几阶振型？

(2)本实验中钢弦的前三阶振型有什么特点？

(3)设想如何可以测得简支梁的振型？

第四部分

数值模拟实验（自主性实验）

第五章　自主性实验二

实验一　理论力学问题求解器

一、程序介绍

理论力学问题求解器是上海交通大学洪嘉振教授组织开发的软件，可以用计算机解决理论力学相关问题，特别是弥补了通常理论力学解题方法缺乏过程分析的不足，可用计算机数值模拟运动过程。

二、基本操作

该软件包含“运动学分析”“动力学分析”“静力学分析”三大模块，每一模块的用户界面为一可视图版，理论力学问题的力学模型以图形的形式定义在图板上。图板上的横向为 x 轴，向右为正；纵向为 y 轴，向上为正。图板上方为类似于 Windows 的常规菜单条与常用命令的工具条。求解器主菜单有“文件”“图形操作”“系统参数”“仿真计算”与“帮助”等，具体操作方法将在下面实例中讲解。

三、实例示范

示例一：曲柄滑块机构的运动学分析，如图 5 - 1 所示。

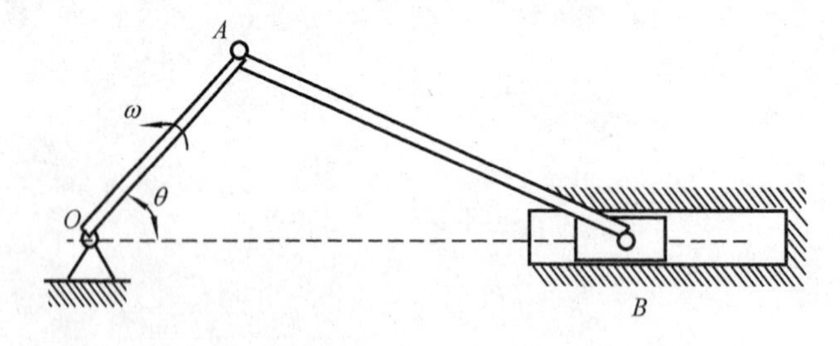

图 5 - 1　曲柄滑块机构

已知曲柄长 2 m，连杆长 4 m。初始时机构的曲柄与水平线夹角 θ 为 45°，曲柄的角速度为 2π rad/s。求 $t\in[0,2]$s 的运动过程。

求解过程：

第一步：定义惯性基的原点。

启动“运动学分析”程序。选择“图形操作”命令，在弹出的“原点定义”对话框中输入原点坐标值 $a=200$，$b=200$，该坐标是相对于屏幕左上角而言的。

第二步:视图区的修改。

单击“图形操作”按钮,可以选择图形单位、定义图幅大小、控制图形比例。这一步采用默认值即可。

第三步:定义物体与支座。按照如下的次序定义物体与支座。

(1)定义第一个支座(支点),其中 $a_1=a_2=b_1=b_2=20, x=y=\varphi=0$。

(2)定义第一个物体(曲柄),其中 $a_1=0, a_2=200, b_1=b_2=10, x=y=0, \varphi=45°$。

(3)定义第二个物体(连杆),其中 $a_1=0, a_2=400, b_1=b_2=10, x=y=141.42$, $\varphi=-20.705\,2°$。

(4)定义第三个物体(滑块),其中 $a_1=a_2=b_1=b_2=15, x=515.583, y=0, \varphi=0$。

(5)定义另一个支座(下气缸壁),其中 $a_1=330, a_2=100, b_1=0, b_2=5, x=515.583$, $y=-15, \varphi=0$。

(6)定义另一个支座(上气缸壁),其中 $a_1=330, a_2=100, b_1=5, b_2=0, x=515.583, y=15, \varphi=0$。

(7)定义另一个支座(右气缸壁),其中 $a_1=0, a_2=5, b_1=b_2=20, x=615.583, y=0, \varphi=0$。

以上步骤中物体编号均采用程序默认值,即曲柄、连杆与滑块的编号分别为1、2与3。所有支座的编号为4。

第四步:定义铰。本例中有两种铰,滑移铰约束和旋转铰约束。

(1)定义一个旋转铰,铰号输入1。参考点在支座4上的连体基坐标值 $a=0, b=0$;在物体1上的连体基坐标值为 $a=0, b=0$。

具体操作:在“系统参数”中选定“旋转铰”后,选择“支座”选项,弹出对话框,输入数据后单击“确定”按钮;再单击“物体1”按钮,又出现对话框,输入数据后单击“确定”按钮。注意两次输入时铰号应相同。

(2)定义一个旋转铰,铰号输入2。参考点在物体1上的连体基坐标值 $a=200, b=0$;在物体2上的连体基坐标值为 $a=0, b=0$。

(3)定义一个旋转铰,铰号输入3。参考点在物体2上的连体基坐标 $a=400, b=0$;在物体3上的连体基坐标值为 $a=0, b=0$。

(4)定义一个滑移铰,铰号输入4。有两个参考点,在物体3上的参考点在其连体基坐标值 $a=0, b=0$,滑移的方向 $\theta=0$;在支座4上的参考点在其连体基坐标值为 $a=0, b=15$,滑移的方向 $\theta=0$。

需要注意的是,虽然这里有多个编号相同的支座,但在定义作用于支座上的滑移铰时,单击“第一个支座”按钮。完成这一步后,图板上呈现图5-2所示的曲柄滑块机构系统构形。

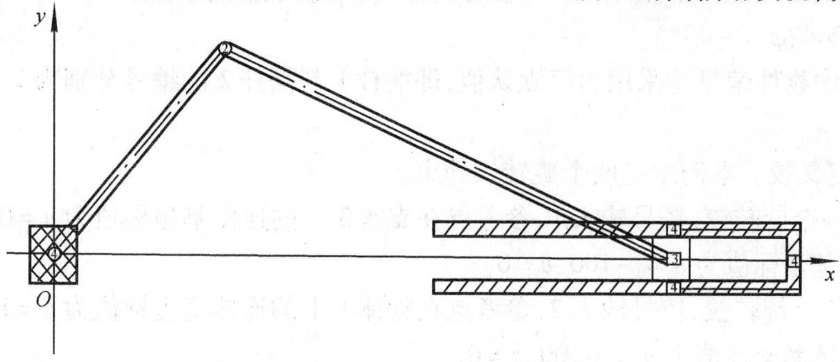

图5-2　曲柄滑块机构的系统构形

第五步：自由度分析和初始条件输入。

选择"仿真计算"菜单中的"自由度分析"命令，将弹出消息框告知系统自由度，单击"确认"按钮后将弹出"初始条件"对话框。考虑到曲柄的驱动规律为$2\pi t$，这时需要输入的参数为选择绝对驱动，物体号为1号物体，作用规律的五个参数框内依次输入45，6.283，0，0，0。

第六步：计算。

选择"仿真计算"菜单中的"参数设定"命令，在计算的"结束时间"文本框中输入2，其余可采用默认值。

选择"仿真计算"菜单中的"计算"命令，即自动进行计算。

第七步：结果输出。

选择"仿真计算"菜单中的"动画仿真""运动数据表格"或"运动数据曲线"等命令，可以以各种形式查看计算结果。

示例二：双摆杆的动力学分析。

图5－3所示为两摆杆，杆长均为2 m，质量1 kg，转动惯量为1 $kg \cdot m^2$。设该机构的初始位置为$\theta_1=30°$，$\theta_2=45°$。初始角速度均为0，在重力下运动。求$t\in[0,2]$s的运动过程。

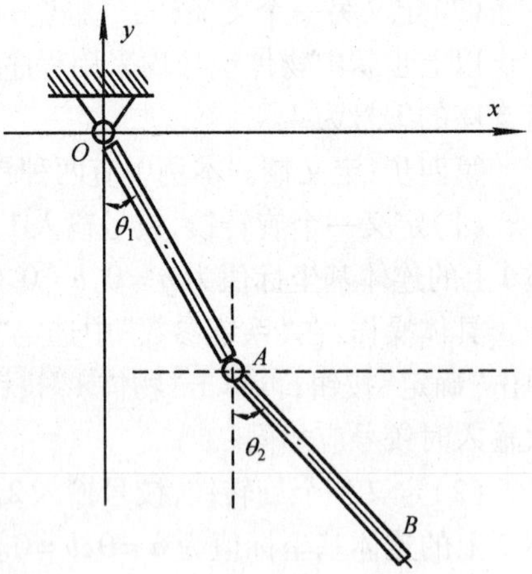

图5－3　双摆杆机构

求解过程：

第一步：定义惯性基的原点。

启动"动力学分析"程序。选择"图形操作"命令，在弹出的"原点定义"对话框中输入原点坐标值$a=200$，$b=200$，这个坐标是相对于屏幕左上角而言的。

第二步：视图区的修改。

单击"图形操作"按钮，可以选择图形单位、定义图幅大小、控制图形比例。这一步采用默认值即可。

第三步：定义物体与支座。按照如下的次序定义物体与支座：

（1）定义第一个支座（支点），其中$a_1=a_2=b_1=b_2=20$，$x=y=\varphi=0$。

（2）定义第一个物体（摆杆1），其中质量为1 kg，转动惯量为1，$a_1=a_2=100$，$b_1=b_2=10$，$x=50$，$y=-86.6$，$\varphi=-60°$。

（3）定义第二个物体（摆杆2），其中质量为1 kg，转动惯量为1，$a_1=a_2=100$，$b_1=b_2=10$，$x=171$，$y=-244$，$\varphi=-45°$。

以上步骤中物体编号均采用程序默认值，即摆杆1与摆杆2的编号分别为1与2。支座的编号为3。

第四步：定义铰。本例中有两个旋转铰约束。

（1）定义一个旋转铰，铰号输入1，参考点在支座3上的连体基坐标值为$a=0$，$b=0$。在物体1上的连体基坐标值为$a=-100$，$b=0$。

（2）定义一个旋转铰，铰号输入2，参考点在物体1上的连体基坐标值为$a=100$，$b=0$。在物体2上的连体基坐标值为$a=-100$，$b=0$。

完成这一步后，图板上呈现图5－4所示的系统构形。

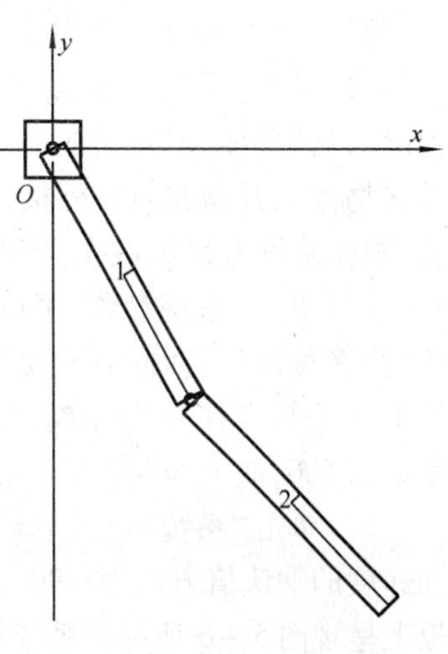

图5-4　双摆杆系统构形图

第五步:定义外载。

选择“系统参数”菜单中的“外载”命令,在弹出的子菜单中选择“重力”选项,将弹出“重力加速度参数”对话框,重力加速度的默认值方向为-90°,大小为9.8 m/s^2。本例中只须采用默认值即可。

第六步:自由度分析和初始条件输入。

单击“仿真计算”菜单中的“自由度分析项”按钮,将弹出消息框告知系统自由度为2,单击“确认”按钮后将弹出“初始条件”对话框。考虑到系统以上述形位,从静止开始运动。这时需要输入的参数:对于物体1,下拉框取φ,初始角度为-60°,初始角速度为0;对于物体2,下拉框取φ,初始角度为-45°,初始角速度为0。

第七步:计算。

选择“仿真计算”菜单中的“参数设定项”按钮,在计算的结束时间栏中输入2,其余可采用默认值。

单击“仿真计算”菜单中的“计算项”按钮,即自动进行计算。

第八步:结果输出。

单击“仿真计算”菜单中的“动画仿真”“运动数据表格”或“运动数据曲线”等按钮,可以以各种形式查看计算结果。单击“仿真计算”菜单中的“理想约束力数据表格”或“理想约束力数据曲线”按钮,可以查看理想约束力的计算结果。

示例三:吊灯的静平衡分析。

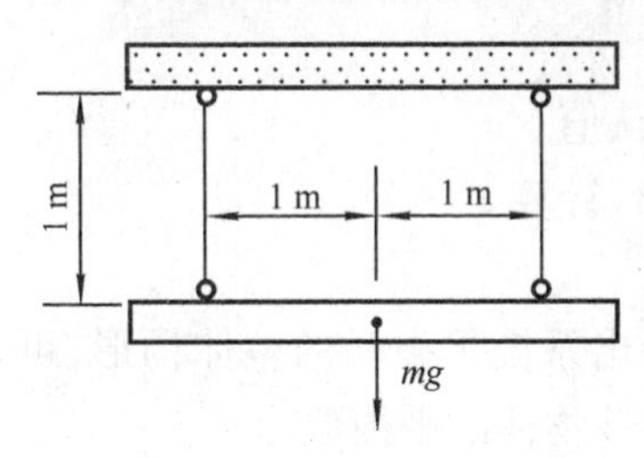

图5-5　吊灯图示

吊灯的质量为10 kg,转动惯量为1 kg·m^2。由两系绳挂起,尺寸如图5-5所示。考虑系绳的弹性,此处作为弹簧处理。令其原长均为1 m,左绳刚度为500 N/m,右绳刚度为400 N/m。现初始位形如图5-5所示,求吊灯在重力作用下的平衡位置。

求解过程:

第一步:启动“静力学分析”程序。选择“图形操作”命令,在弹出的“原点定义”对话框中输入原点坐标值为$a=200$,$b=200$,这个坐标是相对于屏幕左上角而言的。

第二步:视图区的修改。

单击“图形操作”按钮,可以选择图形单位、定义图幅大小、控制图形比例。这一步采用默认值即可。

第三步:定义物体与支座。按照如下的次序定义物体与支座:

(1)定义一个支座(屋顶),其中$a_1=a_2=100$,$b_1=b_2=20$,$x=y=\varphi=0$。

(2)定义一个物体(吊灯),其中质量为10,转动惯量为1,$a_1=a_2=100$,$b_1=b_2=10$,$x=0$,$y=-100$,$\varphi=0$。

以上步骤中物体编号均采用程序默认值,即吊灯编号为1,支座的编号为2。

第四步:定义铰。本例没有铰,该步可跳过。

第五步:定义力元与外载。

(1)单击“系统参数”菜单力元中“弹簧项”按钮,再选择绘图板区域中的“支座”选项,在弹出的“弹簧参数”对话框中输入:内接物体2,弹簧接点在内接物体上的位置 $a=-100,b=0$;外接物体1,弹簧接点在外接物体上的位置 $a=-100,b=0$;弹簧原长为100。弹簧特性为线弹簧,刚度系数为500,故 $k_1=500,k_2=k_3=0$。

(2)单击“系统参数”菜单中“弹簧项”按钮,再选择绘图板区域中的“支座”选项,在弹出的“弹簧参数”对话框中输入:内接物体2,弹簧接点在内接物体上的位置 $a=100,b=0$;外接物体1,弹簧接点在外接物体上的位置 $a=100,b=0$;弹簧原长为100。弹簧特性为线弹簧,刚度系数为500,故 $k_1=400,k_2=k_3=0$。

(3)单击“系统参数”菜单中的“外载项”按钮,在弹出的子菜单中选择“重力”选项,重力加速度的默认值方向为 $-90°$,大小为9.8 m/s^2。本例中只须采用默认值即可。到这一步,图板上呈现图5-6所示的系统构形。

第六步:自由度分析和初始条件输入。

单击“仿真计算”菜单中的“自由度分析项”按钮,将弹出消息框告知系统自由度为3,单击“确认”按钮后将弹出初始条件对话框。考虑到系统以上述形位,从静止开始运动。这时需要输入的参数有:对于物体1,下拉框取 x,初始位置 $x=0$,初始 x 方向速度为0;下拉框取 y,初始位置 $y=-100$,初始 y 方向速度为0;下拉框取 φ,初始姿态 $\varphi=0$,初始角速度为0。

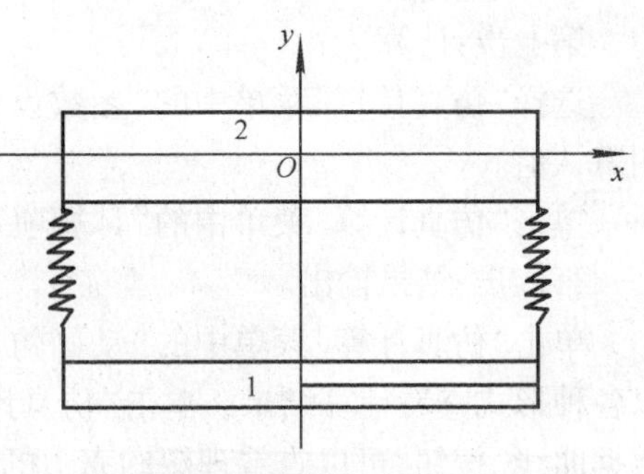

图5-6 系统构形图

第七步:计算。

单击“仿真计算”菜单中的“参数设定项”按钮,本例采用默认值。

单击“仿真计算”菜单中的“平衡位置分析项”按钮,即可进行计算。

第八步:结果输出。

单击“仿真计算”菜单中的“平衡位置构形”按钮,图板上给出系统平衡时的整体构形,可选择绘图板区域中的“物体”,将弹出参数对话框,即可了解此时该物体的平衡位形。

单击“仿真计算”菜单中的“理想约束力数据表格”按钮,可以查看理想约束力的计算结果。

实验二 材料力学问题求解器

一、程序介绍

材料力学问题求解器是由清华大学范钦珊教授主持开发的软件,可以完成材料力学课程中比较烦琐的部分计算,也可用来探讨一些手工计算不易进行的问题。

二、基本操作

启动程序前将计算机屏幕分辨率暂时调整为800×600像素。

启动程序后先为一些工程应用图片,直到出现图5-7所示的主界面。

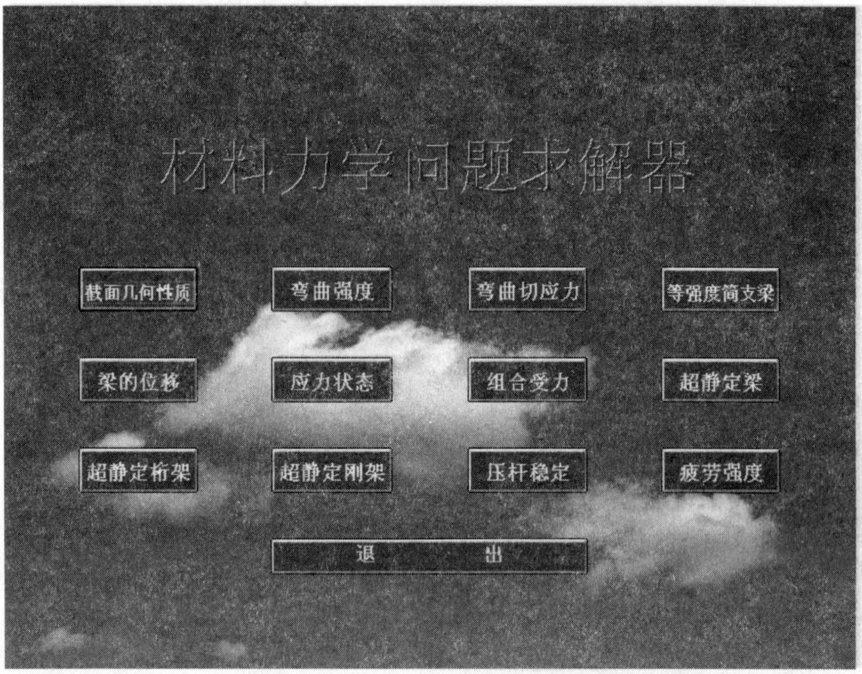

图5-7 材料力学问题求解器主界面图

该画面显示了材料力学问题求解器可以解决的各类问题。单击相应选项,即可进入程序解题。

完成退出后,将屏幕分辨率恢复到原设置。

三、实例示范

示例一:复杂组合截面几何性质计算。

如图5-8所示:求由两种槽钢组合成的非对称截面的形心主惯性轴位置及形心主惯性矩数值。由型钢表可知,8号槽钢高为80 mm,翼缘宽43 mm;20号槽钢高为200 mm,翼缘宽为75 mm。

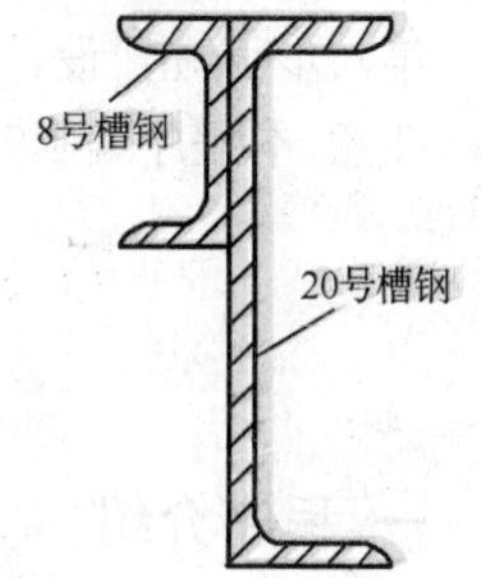

图5-8 槽钢组合体

求解过程:

第一步:单击主界面中"截面几何性质"按钮,出现新界面后单击"确定组合截面"按钮。

第二步:单击"尺寸条件"按钮,输入组合图形的最大宽度118 mm和最大高度200 mm,如图5-9所示。

第三步:输入8号槽钢,单击"型钢"按钮,选择"槽钢",在弹出的对话框下方单击箭头按钮,直到上方槽钢型号框内显示型号为8;输入腹板外缘中点坐标值,横坐标43 mm,纵坐标160 mm;开口方向与横坐标夹角为180°。

第四步:输入20号槽钢,单击"型钢"按钮,选择"槽钢",在弹出的对话框下方单击"箭头"按钮,直到上方槽钢型号框内显示型号为20;输入腹板外缘中点坐标,横坐标43 mm,纵坐标

100 mm;开口方向与横坐标夹角为0°。

第五步:单击“求解”按钮,即可显示计算结果。

示例二:三向应力状态下的应力圆。

已知点的应力状态为:$\sigma_x = -100$ MPa,$\sigma_y = 150$ MPa,$\sigma_z = 200$ MPa,$\tau_{xy} = 50$ MPa,$\tau_{yz} = 80$ MPa,$\tau_{zx} = 100$ MPa。求主应力、最大切应力,并画出应力圆。

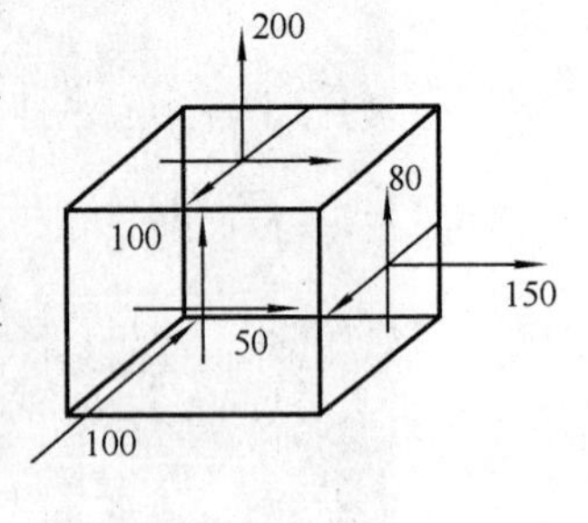

图5-9 组合图

求解过程:

第一步:单击主界面中“应力状态”按钮,选择“三向应力状态”。

第二步:单击“应力状态”按钮,依次将光标放入各输入框内,输入各应力分量,完成后单击“确定”按钮。

第三步:单击“求解”按钮,即可显示初始应力分量以及计算结果和应力圆。

示例三:压杆的截面设计。

一端自由、一端固定矩形截面压杆,材料为Q235钢,长为2.5 m,高宽比为1.5,稳定安全因数为4.5,所承受压力为250 kN。试设计压杆截面。

求解过程:

第一步:单击主界面中“压杆稳定”按钮,选择“截面设计”。

第二步:单击“压杆类型”按钮,此处,A类为一端自由、一端固定;B类为两端铰支;C类为一端铰支、一端固定;D类为两端固定。此例选A类。弹出压杆长度输入框,输入2 500 mm并按【Enter】键。

第三步:单击“截面类型”按钮,选择“矩形”选项,弹出高宽比输入框,输入1.5并按【Enter】键。

第四步:单击“材料参数”按钮,在压杆材料中选择“Q235钢”选项,其弹性模量等参数将自动填入相应框内。在许用稳定安全因数中填入4.5并确定。

第五步:单击“压杆载荷”按钮,输入250 kN后,按【Enter】键。

第六步:单击“设计”按钮,即可显示计算结果。

注意,本程序编制时间较早,输入数据时要特别认真,出现错误后改动较困难。

实验三 结构力学求解器

一、程序介绍

结构力学求解器是由清华大学袁驷教授主持开发的计算机辅助分析软件,其求解内容包括了二维平面杆系的几何组成、静定、超静定、位移、内力、影响线、包络图、自由振动、弹性稳定、极限载荷等经典结构力学课程中所涉及的所有问题,全部采用精确算法给出精确解答。该软件界面友好方便、内容体系完整、功能完备通用。不仅可供教师、学生在结构力学教学中使用,也是工程技术人员的得力工具。

该软件为“绿色软件”,安装中不对系统作任何改动,不在“注册表”中写入任何参数,只要将程序文件复制到计算机就可运行。将程序文件删除后,不留任何垃圾文件。

二、基本操作

首次启动程序后出现图5-10所示的界面,例如,选择“不再显示”则下次启动不再出现。单击界面后,进入工作界面,如图5-11所示。

屏幕右方为编辑器,用于输入各种参数与命令,左方为观览器,显示输入的杆系以及计算结果中的图形部分。计算结果中的文字部分另外显示。两个分区的大小可任意调整。

观览器的初始设置为黑色底板,红色线条。也可单击“查看”“颜色”“暂时采用黑白色”“确定”按钮,将其设置为白底黑线条。

使用编辑器输入时,可以用常用的菜单,对于结点、单元、约束、荷载以及材料参数,也可单击第二行的快捷键输入。输入结果在命令区有显示。可以直接在显示区修改和输入参数和命令。

可以在所输入的图像上任意标注尺寸线和增加文字。也可将输出的图形复制到剪贴板,供其他程序使用。

程序中不仅有一般的帮助文档,还配有使用介绍视频,方便大家使用。

图5-10 启动程序后主页面

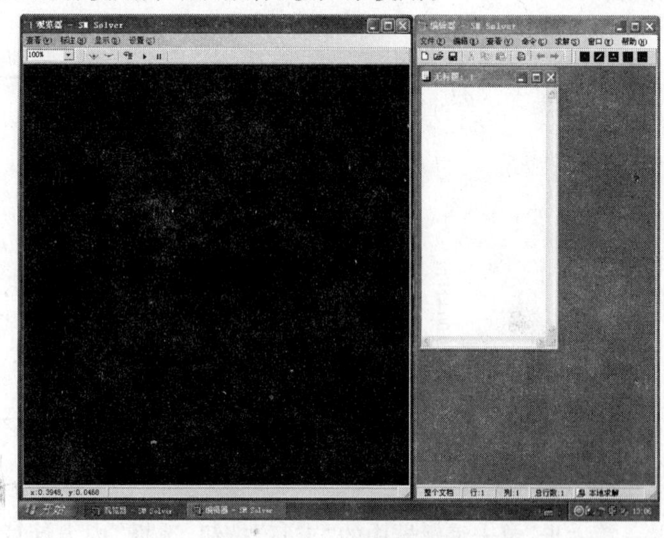

图5-11 工作画面显示

三、实例示范

示例一:画出图示刚架的内力图。

求解过程:

第一步:数据准备,建立总体坐标,各杆的端点、杆件的交汇点取为结点,确定其在总体坐标系中的坐标值。确定各单元的结点。单击编辑器文件中“新建”按钮,开始输入新问题。

第二步:单击编辑器中的“命令”按钮,选择“结点”选项,依次输入各结点坐标值。每输完一个后单击“应用”按钮,可在观览器中查看结点。观览器的显示比例会自动调节。全部输入完后单击“关闭”按钮。

第三步：单击编辑器中的“命令”按钮，选择“单元”选项，依次输入杆端1、杆端2的结点号与连接方式。每输完一个后单击“应用”按钮，可在观览器中查看单元显示。全部输入完后单击“关闭”按钮。此时观览器显示如图5－12所示。

第四步：单击编辑器中的“命令”按钮，选择“位移约束”选项，1、8、10号结点有“支杆（类型1）”约束，4号结点有“铰支2（类型3）”约束。其余用默认值。

第五步：单击编辑器“命令”按钮，选“荷载条件”项，(1)、(8)号单元有均布荷载，指向(1)、(8)号单元，方向分别垂直于(1)、(8)单元，数值分别为10、20。5号结点有结点荷载，为集中力矩（顺时针），数值为20。结构及受力情况在观览器显示如图5－13所示。

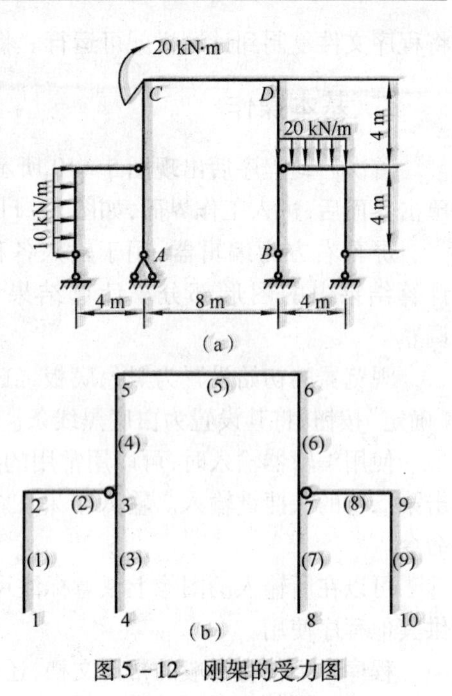

图5－12　刚架的受力图

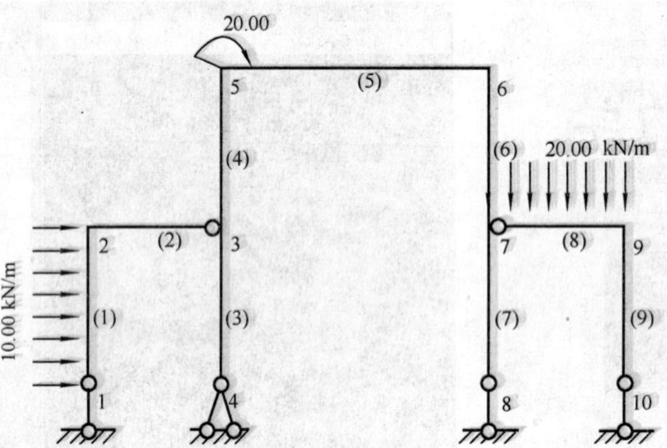

图5－13　结构受力图

第六步：单击编辑器中的“求解”按钮，选择“内力计算”，出现“计算结果”对话框。在“内力显示”中选择“结构”选项，在“内力类型”中分别选择“轴力”、“剪力”和“弯矩”选项，在观览器上即可显示内力图。在“计算结果”框中选中“杆端内力值”复选框，即可显示各单元杆端内力数值列表。单击“内力输出”按钮，即显示一反映内力值的文本文件，可进行保存。其弯矩如图5－14(a)所示。

示例二：将上例支座均改为固定端，成为超静定刚架。各杆 EI 相同，不考虑拉压变形。求刚架内力图。

求解过程：

第一步：分别将光标移至编辑器显示的输入命令中各“结点支承”行，单击“命令”中的“修改命令”按钮，将约束修改为“固定（类型6）”，单击“应用”按钮即完成修改。修改结果在观览器上立即显示。

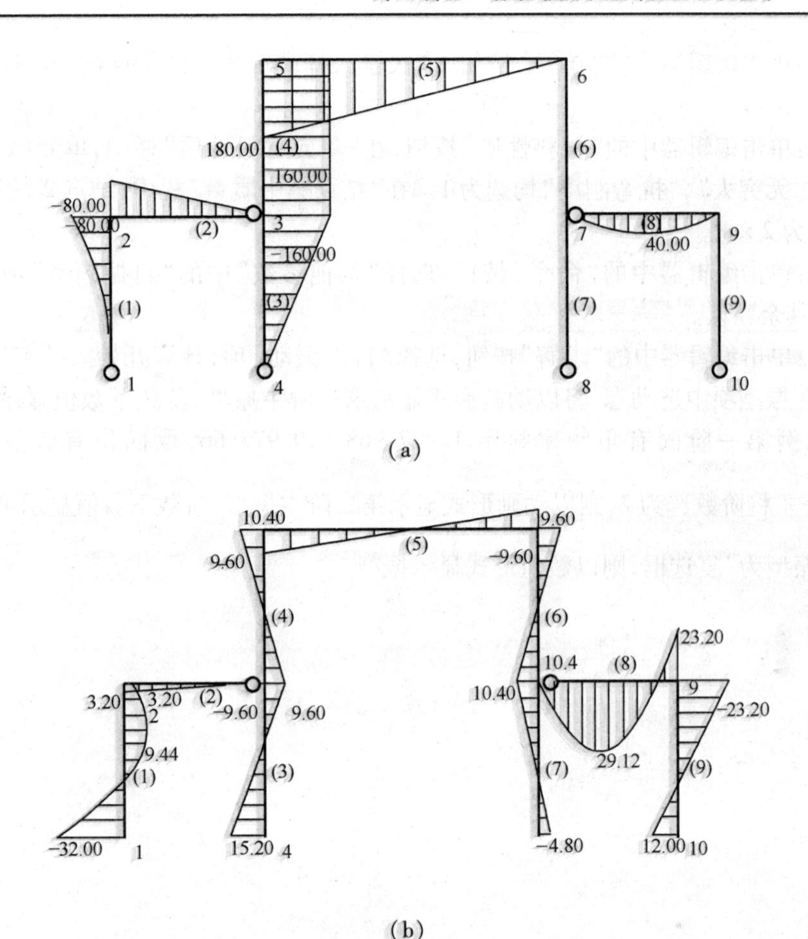

图5-14　弯矩图

第二步:单击编辑器中的“命令”按钮,选择“材料性质”项,在抗拉刚度项中选择“无穷大”选项。在“抗弯刚度”中选择100(也可任意输入一个非0常数),其余默认。单击“应用”和“关闭”按钮。

第三步:单击编辑器中的“求解”按钮,选择“内力计算”项,出现“计算结果”框。在“内力显示”菜单中选“结构”,在“内力类型”菜单中分别选择“轴力”、“剪力”和“弯矩”,在观览器上即可显示内力图。其弯矩图如图5-14(b)所示。

示例三:求图5-15所示梁的自振频率和主振型。梁的自重不计,EI为常数。

求解过程:

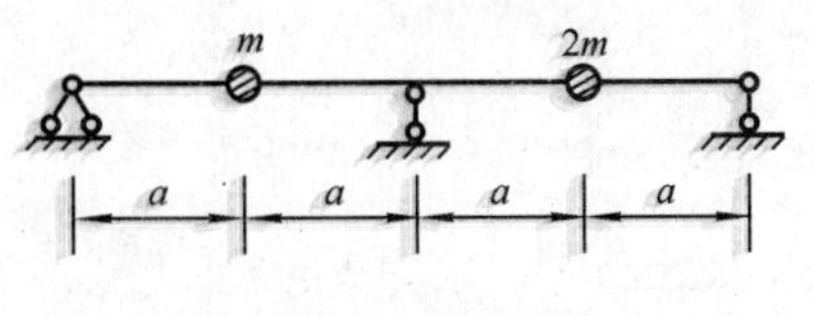

图5-15　简支梁的示意图

第一步:单击编辑器中的“命令”按钮,选择“变量定义”,“新变量名”项分别m和a,“数学表达式”均为1。单击“应用”按钮,最后单击“关闭”按钮。

第二步:单击编辑器中的“结点”按钮,输入结点1坐标值为$x=0,y=0$,单击“应用”按钮;输入结点2坐标为$x=a,y=0$,单击“应用”按钮;输入结点3坐标值为$x=2\times a,y=0$,单击“应用”按钮;输入结点4坐标值为$x=3\times a,y=0$,单击“应用”按钮;输入结点5坐标值为$x=4\times a,y=0$,单击“应用”和“关闭”按钮。需要注意的是,集中质量处必须作为结点。

第三步:单击编辑器中的“单元”按钮,依次输入杆端1、杆端2的结点号,连接方式均为“固定”。

第四步:单击编辑器中的“材料性质”按钮,在“单元材料性质”栏中,单元(1)~(4)的抗拉刚度均为“无穷大”,“抗弯刚度”均选为1。在“结点集中质量”栏中,结点2的质量为m,结点4的质量为$2\times m$。

第五步:单击编辑器中的“命令”按钮,选择“其他参数”中的“自振频率”项,在“求解数目”中填2,其余默认。

第六步:单击编辑器中的“求解”按钮,选择“自由振动”项,计算开始。结束后显示“振动分析”框。在振型项中选动态,将以动画形式显示第一阶主振型,阶数下数值显示第一阶固有角频率。此例第一阶固有角频率显示1.927 968 019 977 66,取四位有效数字,即$\omega_1 = 1.928\sqrt{\dfrac{EI}{ma^3}}$。将阶数选为2,则以动画形式显示第二阶主振型,阶数下数值显示第二阶固有频率。选中“振型为”复选框,则以数值形式显示振型。

附　　录

附录A　误差分析及数据处理知识

力学实验是借助于各种仪器、设备,采用不同的实验方法对各种测试对象在实验过程中所呈现出的物理量进行测量。由于所使用的仪器设备的精度限制,测试方法不够完善,环境条件的影响和实验人员的技术素质的制约,所测的物理量难免的存在误差。因此,掌握一些误差分析和数据处理的知识,对实验数据进行合理的分析和必要的处理,就可以减少误差,得到较好的反映客观存在的物理量。

第一节　误差的概念及分类

实验中的**误差**,是指某个物理量的测量值与其客观存在的真值的差值。力学实验中,主要涉及到的测量数据包括力、位移、变形、应力、应变。这些数据一部分是依靠传感器测量的数据,是由计算机或装有单板机的专用测量仪器输出的,该类数据的精度较高;还有一部分数据是依靠各种仪表、量具测量某个物理量,由于主客观原因,不可能测得该物理量的真值,即在测量中存在着误差,正确地处理测量数据,目的是使误差控制在最小程度,最大限度地接近客观实际。

测量误差根据其产生原因和性质可以分为**系统误差**、**过失误差**和**随机误差**。实验时,必须明确自己所使用的仪器、量具本身的精度,创造好的环境条件,认真细致地工作,将误差减小到尽可能低的程度。

一、真值、实验值、理论值和误差的概念

(1)真值:客观上存在的某个物理量的真实的数值。例如,实际存在的力、位移、长度等数值。获得这些数值需要用实验方法测量,由于仪器、方法、环境和人的观察力都不能完美无缺,所以严格地说真值是无法测得的,我们只能测得真值的近似值。

① 理论真值:如力学理论课程中对某些问题严格的理论解,数学、物理理论公式表达值等。

② 相对真值(或约定真值):高一档仪器的测量值是低一档仪器的相对真值或约定真值。

③ 最可信赖值:某物理量多次测量值的算术平均值。

(2)实验值:用实验方法测量得到的某个物理量的数值。例如,用测力计测量构件所受的力。

(3)理论值:用理论公式计算得到的某个物理量的数值。例如,用材料力学公式计算梁表面的应力。

(4)误差:实验误差是实验值与真值的差值。理论误差是理论值与真值的差值。

二、实验误差的分类

根据误差的性质及其产生的原因可分为以下三类：

(1)系统误差(又称恒定误差)。它是由某些固定不变的因素引起的误差，对测量值的影响总是有同一偏向或相近大小。例如，用未经校正的偏重的砝码称重，所得重量数值总是偏小；又例如，用应变仪测应变时，仪器灵敏系数设置偏大(比应变计灵敏系数值)，则所测应变值总是偏小。

系统误差有固定偏向和一定规律性，可根据具体原因采用校准法和对称法予以校正和消除。

(2)随机误差(又称偶然误差)。它是由不易控制的多种因素造成的误差，有时大、有时小，有时正、有时负，没有固定大小和偏向。随机误差的数值一般都不大，不可预测但服从统计规律。误差理论就是研究随机误差规律的理论。

(3)过失误差(又称错误)。它显然是与实际不相符的误差，无一定规律，误差值可以很大，主要由于实验人员粗心、操作不当或过度疲劳造成。例如，读错刻度，记录或计算差错。此类误差只能靠实验人员认真细致地操作和加强校对才能避免。

三、测量数据的精度

测量误差的大小可以由精度表示，精度分为如下三类：

(1)精密度：测量数据随机误差大小的程度，或表示测试结果相互接近的程度。精密度是衡量测试结果的重复性的尺度。

(2)正确度：测量结果中系统误差大小的程度。正确度是衡量测量值接近真值的尺度。

(3)精确度：综合衡量系统误差的随机误差的大小。精确度是测试结果中系统误差与偶然误差的综合值，即测试结果与真值的一致程度。精确度与精密度、正确度紧密相关。它们的关系可以用打靶的情况进行比喻。附录A图-1(a)表示精密度高，即系统误差和随机误差都小，精密度和正确度都高；附录A图-1(b)表示精确度高但正确度低，即系统误差大、随机误差小；附录A图-1(c)表示正确度高但精确度低，即系统误差小、随机误差大。

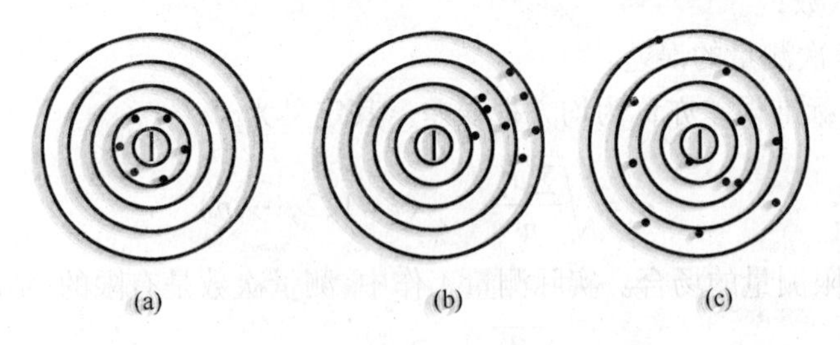

附录A图-1　精密度和准确度的关系

四、误差的表示方法

测量的质量高低以测量精确度作指标，根据测量误差的大小来估计测量的精确度。测量结果的误差越小，则认为测量就越精确。

(1)绝对误差：测量值 X 和真值 A_0 之差称为**绝对误差**，通常称为**误差**。记为

$$D = X - A_0 \quad \text{（附录 A－1）}$$

由于真值 A_0 一般无法求得，因而上式只有理论意义。常用高一级标准仪器的示值作为实际值 A 以代替真值 A_0。由于高一级标准仪器存在较小的误差，因而 A 不等于 A_0，但总比 X 更接近于 A_0。X 与 A 之差称为仪器的**示值绝对误差**。记为

$$d = X - A \quad \text{（附录 A－2）}$$

与 d 相反的数称为**修正值**，记为

$$C = -d = A - X \quad \text{（附录 A－3）}$$

通过检定，可以由高一级标准仪器给出被检仪器的修正值 C。利用修正值便可以求出该仪器的实际值 A。即

$$A = X + C \quad \text{（附录 A－4）}$$

（2）相对误差：衡量某一测量值的准确程度，一般用相对误差来表示。示值绝对误差 d 与被测量的实际值 A 的百分比值称为**实际相对误差**。记为

$$\delta_A = \frac{d}{A} \times 100\% \quad \text{（附录 A－5）}$$

以仪器的示值 X 代替实际值 A 的相对误差称为**示值相对误差**。记为

$$\delta_X = \frac{d}{X} \times 100\% \quad \text{（附录 A－6）}$$

一般来说，除了某些理论分析外，用示值相对误差较为适宜。

（3）引用误差：为了计算和划分仪表精确度等级，提出引用误差概念。其定义为仪表值的绝对误差与量程范围之比。

$$\delta_A = \frac{\text{示值绝对误差}}{\text{量程范围}} \times 100\% = \frac{d}{X_n} \times 100\% \quad \text{（附录 A－7）}$$

式中，d 为示值绝对误差；X_n = 标尺上限值 − 标尺下限值。

（4）算术平均误差：算术平均误差是各个测量点的误差的平均值。

$$\delta_{平} = \frac{\sum |d_i|}{n} \qquad (i = 1, 2, \cdots, n) \quad \text{（附录 A－8）}$$

式中　n——测量次数；

d_i——为第 i 次测量的误差。

（5）标准误差：标准误差亦称为均方根误差。其定义为

$$\sigma = \sqrt{\frac{\sum d_i^2}{n}} \qquad (i = 1, 2, \cdots, n) \quad \text{（附录 A－9）}$$

上式使用于无限测量的场合。实际测量工作中，测量次数是有限的，则改用下式

$$\sigma = \sqrt{\frac{\sum d_i^2}{n-1}} \qquad (i = 1, 2, \cdots, n) \quad \text{（附录 A－10）}$$

标准误差不是一个具体的误差，σ 的大小只说明在一定条件下等精度测量集合所属的每一个观测值对其算术平均值的分散程度，如果 σ 的值越小则说明每一次测量值对其算术平均值分散度就小，测量的精度就高，反之精度就低。

在力学实验中最常用的各种表盘式或直尺式压力计、位移计、秒表、量筒、电表等仪表原则上均取其最小刻度值为最大误差，而取其最小刻度值的一半作为绝对误差计算值。

五、误差的基本性质

在力学实验中通常直接测量或间接测量得到有关的参数数据，这些参数数据的可靠程度如何？如何提高其可靠性？因此，必须研究在给定条件下误差的基本性质和变化规律。

1. 误差的正态分布

如果测量数列中不包括系统误差和过失误差，从大量的实验中发现偶然误差的大小有如下几个特征：

(1)绝对值小的误差比绝对值大的误差出现的机会多，即误差的概率与误差的大小有关。这是误差的**单峰性**。

(2)绝对值相等的正误差或负误差出现的次数相当，即误差的概率相同。这是误差的**对称性**。

(3)极大正误差或负误差出现的概率都非常小，极大的误差一般不会出现。这是误差的**有界性**。

(4)随着测量次数的增加，偶然误差的算术平均值趋近于零。这叫误差的**抵偿性**。

根据上述的误差特征，可得出误差出现的概率分布图，如附录 A 图 -2 所示。图中横坐标表示偶然误差，纵坐标表示单个误差出现的概率，图中曲线称为**误差分布曲线**，以 $y=f(x)$ 表示。其数学表达式由高斯提出，具体形式为

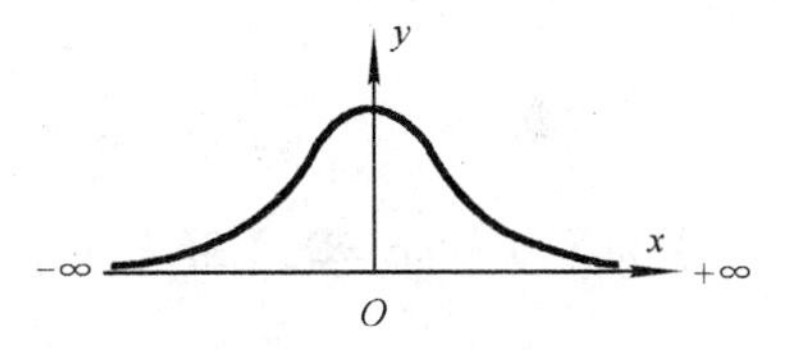

附录 A 图 -2　误差分布

$$y=\frac{1}{\sqrt{2\pi}\sigma}e^{-\frac{x^2}{2\sigma^2}} \qquad \text{(附录 A - 11)}$$

或

$$y=\frac{h}{\sqrt{\pi}}e^{-h^2x^2} \qquad \text{(附录 A - 12)}$$

上式称为**高斯误差分布定律**，亦称为**误差方程**。式中 σ 为标准误差；h 为精确度指数；σ 和 h 的关系为

$$y=\frac{1}{\sqrt{2}\sigma} \qquad \text{(附录 A - 13)}$$

若误差按函数关系[式(附录 A - 11)]分布，则称为**正态分布**。σ 越小，测量精度越高，分布曲线的峰越高且窄；σ 越大，分布曲线越平坦且越宽，如附录 A 图 -3 所示。由此可知，σ 越小，小误差占的比重越大，测量精度越高；反之，则大误差占的比重越大，测量精度越低。

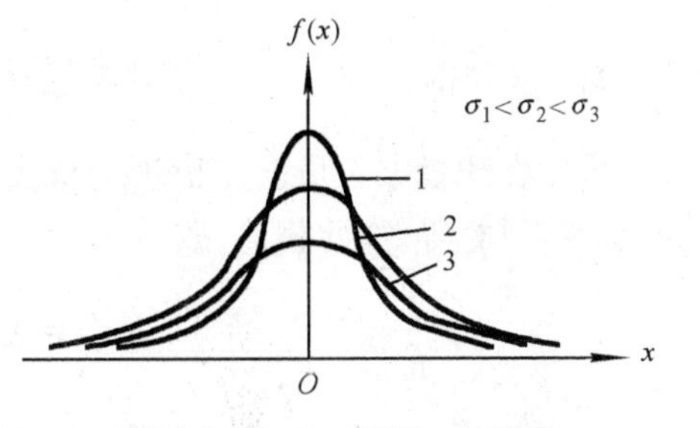

附录 A 图 -3　不同 σ 的误差

2. 测量集合的最佳值

在测量精度相同的情况下，测量一系列观测值 $M_1,M_2,M_3,\cdots,M_n$ 所组成的测量集合，假设其平均值为 M_m，则各次测量误差为

$$x_i=M_i-M_m \qquad (i=1,2,\cdots,n)$$

当采用不同的方法计算平均值时，所得到误差值不同，误差出现的概率亦不同。若选取适当的计算方法，使误差最小，而概率最大，由此计算的平均值为最佳值。根据高斯分布定律，只有各点误差平方和最小，才能实现概率最大。这就是最小乘法值。由此可见，对于一组精度相同的分布曲线观测值，采用算术平均得到的值是该组观测值的最佳值。

3. 有限测量次数中标准误差 σ 的计算

由误差基本概念知，误差是观测值和真值之差。在没有系统误差存在的情况下，以无限多次测量所得到的算术平均值为真值。当测量次数有限时，所得到的算术平均值近似于真值，称为**最佳值**。因此，观测值与真值之差不同于观测值与最佳值之差。

令真值为 A，计算平均值为 a，观测值为 M，并令 $d=M-a$，$D=M-A$，则

$$d_1=M_1-a,\qquad D_1=M_1-A$$
$$d_2=M_2-a,\qquad D_2=M_2-A$$
$$\vdots\qquad\qquad\vdots$$
$$d_n=M_n-a,\qquad D_n=M_n-A$$
$$\sum d_i=\sum M_i-na\qquad \sum D_i=\sum M_i-nA$$

因为 $\sum M_i-na=0$，$\sum M_i=na$，代入 $\sum D_i=\sum M_i-nA$ 中，即得

$$a=A+\frac{\sum D_i}{n}\qquad\text{（附录 A－14）}$$

将式（附录 A－14）式代入 $d_i=M_i-a$ 中得

$$d_i=(M_i-A)-\frac{\sum D_i}{n}=D_i-\frac{\sum D_i}{n}\qquad\text{（附录 A－15）}$$

将式（附录 A－15）两边各平方得

$$d_1^2=D_i^2-2D_1\frac{\sum D_i}{n}+\left(\frac{\sum D_i}{n}\right)^2$$
$$d_2^2=D_2^2-2D_2\frac{\sum D_i}{n}+\left(\frac{\sum D_i}{n}\right)^2$$
$$\vdots\qquad\qquad\vdots$$
$$d_n^2=D_n^2-2D_n\frac{\sum D_i}{n}+\left(\frac{\sum D_i}{n}\right)^2$$

对 i 求和得

$$\sum d_i^2=\sum D_i^2-2\frac{(\sum D_i)^2}{n}+n\left(\frac{\sum D_i}{n}\right)^2$$

因为在测量中正负误差出现的机会相等，故将 $(\Sigma D_i)^2$ 展开后，D_1 和 D_2、D_1 和 D_3……为正为负的数目相等，彼此相消，故得

$$\sum d_i^2=\sum D_i^2-2\frac{\sum D_i{}^2}{n}+n\frac{\sum D_i^2}{n^2}$$

$$\sum d_i^2=\frac{n-1}{n}\sum D_i^2$$

从上式可以看出，在有限测量次数中，自算数平均值计算的误差平方和永远小于自真值计算的误差平方和。根据标准误差的定义

$$\sigma = \sqrt{\frac{\sum D_i^2}{n}}$$

其中$\sum D_i^{\ 2}$代表观测次数为无限多时误差的平方和,故当观测次数有限时可用下式计算:

$$\sigma = \sqrt{\frac{\sum d_i^2}{n-1}} \qquad (附录A-16)$$

4. 可疑观测值的舍弃

由概率积分知,随机误差正态分布曲线下的全部积分,相当于全部误差同时出现的概率,即

$$P = \frac{1}{\sqrt{2\pi}\sigma}\int_{-\infty}^{+\infty} e^{-\frac{x^2}{2\sigma^2}}dx = 1 \qquad (附录A-17)$$

若误差x以标准误差σ的倍数表示,即$x = t\sigma$,则在$\pm t\sigma$范围内出现的概率为$2\phi(t)$,超出这个范围的概率为$1-2\phi(t)$。$\phi(t)$称为概率函数,表示为

$$\phi(t) = \frac{1}{\sqrt{2\pi}}\int_0^t e^{-\frac{t^2}{2}}dt \qquad (附录A-18)$$

$2\phi(t)$与t的对应值在数学手册或专著中均附有此类积分表,读者需要时可自行查取。在使用积分表时,需已知t值。由附录A表-1和附录A图-4给出几个典型及其相应的超出或不超出$|x|$的概率。

附录A表-1　误差概率和出现次数

t	$\lvert x\rvert = t\sigma$	不超出$\lvert x\rvert$的概率$2\phi/t$	超出$\lvert x\rvert$的概率$(1-2\phi)/t$	测量次数n	超出$\lvert x\rvert$的测量次数
0.67	0.67σ	0.497 14	0.502 86	2	1
1	1σ	0.682 69	0.317 31	3	1
2	2σ	0.954 50	0.045 50	22	1
3	3σ	0.997 30	0.002 70	370	1
4	4σ	0.999 91	0.000 09	11 111	1

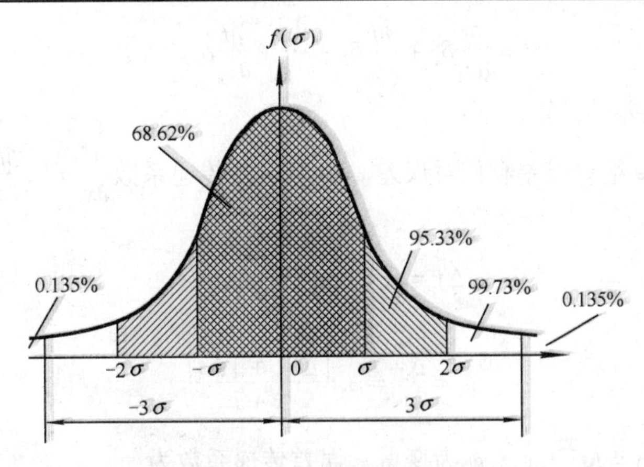

附录A图-4　误差分布曲线的积分

由表$A-1$知,当$t=3$,$|x|=3\sigma$时,在370次观测中只有一次测量的误差超过3σ范围。在有限次的观测中,一般测量次数不超过10次,可以认为误差大于3σ,可能是由于过失误差或实

验条件变化未被发觉等原因引起的。因此，凡是误差大于 3σ 的数据点予以舍弃。这种判断可疑实验数据的原则称为 3σ 准则。

5. 函数误差

上述讨论的主要是直接测量的误差计算问题，但在许多场合下，往往涉及间接测量的变量，所谓间接测量是通过直接测量得到的量之间有一定的函数关系，根据函数关系导出新的物理量，例如，动力学实验问题中的应变速率。因此，间接测量值就是直接测量得到的各个测量值的函数。其测量误差是各个测量值误差的函数，下面讨论函数误差的一般形式。

在间接测量中，一般为多元函数，而多元函数可用下式表示：

$$y = f(x_1, x_2, \cdots, x_n) \tag{附录 A-19}$$

式中 y——间接测量值；

x_n——直接测量值。

由台劳级数展开得

$$\Delta y = \frac{\partial f}{\partial x_1}\Delta x_1 + \frac{\partial f}{\partial x_2}\Delta x_2 + \cdots + \frac{\partial f}{\partial x_n}\Delta x_n \tag{附录 A-20}$$

或

$$\Delta y = \sum_{i=1}^{n} \frac{\partial f}{\partial x_i}\Delta x_i$$

它的最大绝对误差为

$$\Delta y = \left| \sum_{i=1}^{n} \frac{\partial f}{\partial x_i}\Delta x_i \right| \tag{附录 A-21}$$

式中 $\frac{\partial f}{\partial x_i}$——误差传递系数；

Δx_i——直接测量值的误差；

Δy——间接测量值的最大绝对误差。

函数的相对误差 δ 为

$$\begin{aligned}\delta &= \frac{\Delta y}{y} = \frac{\partial f \Delta x_1}{\partial x_1 y} + \frac{\partial f \Delta x_2}{\partial x_2 y} + \cdots + \frac{\partial f \Delta x_n}{\partial x_n y} \\ &= \frac{\partial f}{\partial x_1}\delta_1 + \frac{\partial f}{\partial x_2}\delta_2 + \cdots + \frac{\partial f}{\partial x_n}\delta_n\end{aligned} \tag{附录 A-22}$$

某些典型函数误差的计算如下：

(1) 函数 $y = x \pm z$ 绝对误差和相对误差。由于误差传递系数 $\frac{\partial f}{\partial x} = 1$，$\frac{\partial f}{\partial z} = \pm 1$，则函数最大绝对误差

$$\Delta y = \pm(|\Delta x| + |\Delta z|) \tag{附录 A-23}$$

相对误差

$$\delta_r = \frac{\Delta y}{y} = \pm \frac{|\Delta x| + |\Delta z|}{x + z} \tag{附录 A-24}$$

(2) 函数形式为 $y = K\frac{xz}{w}$，x、z、w 为变量。误差传递系数为

$$\frac{\partial y}{\partial x} = \frac{Kz}{w}; \quad \frac{\partial y}{\partial z} = \frac{Kx}{w}; \quad \frac{\partial y}{\partial w} = -\frac{Kxz}{w^2}$$

函数的最大绝对误差为

$$\Delta y=\left|\frac{Kz}{w}\Delta x\right|+\left|\frac{Kx}{w}\Delta z\right|+\left|\frac{Kxz}{w^2}\Delta w\right| \quad (附录\ A-25)$$

函数的最大相对误差为

$$\delta_r=\frac{\Delta y}{y}=\left|\frac{\Delta x}{x}\right|+\left|\frac{\Delta z}{z}\right|+\left|\frac{\Delta w}{w}\right| \quad (附录\ A-26)$$

现将某些常用函数的最大绝对误差和相对误差列于附录 A 表 -2 中。

附录 A 表 -2　某些函数的误差传递公式

函数式	误差传递公式	
	最大绝对误差 Δy	最大相对误差 δ_r
$y=x_1+x_2+x_3$	$\Delta y=\pm(\lvert\Delta x_1\rvert+\lvert\Delta x_2\rvert+\lvert\Delta x_3\rvert)$	$\delta_r=\Delta y/y$
$y=x_1+x_2$	$\Delta y=\pm(\lvert\Delta x_1\rvert+\lvert\Delta x_2\rvert)$	$\delta_r=\Delta y/y$
$y=x_1x_2$	$\Delta y=\pm(\lvert x_1\Delta x_2\rvert+\lvert x_2\Delta x_1\rvert)$	$\delta_r=\pm\left(\left\lvert\frac{\Delta x_1}{x_1}+\frac{\Delta x_2}{x_2}\right\rvert\right)$
$y=x_1x_2x_3$	$\Delta y=\pm(\lvert x_1x_2\Delta x_3\rvert+\lvert x_1x_3\Delta x_2\rvert+\lvert x_2x_3\Delta x_1\rvert)$	$\delta_r=\pm\left(\left\lvert\frac{\Delta x_1}{x_1}+\frac{\Delta x_2}{x_2}+\frac{\Delta x_3}{x_3}\right\rvert\right)$
$y=x^n$	$\Delta y=\pm(nx^{n-1}\Delta x)$	$\delta_r=\pm\left(n\left\lvert\frac{\Delta x}{x}\right\rvert\right)$
$y=\sqrt[n]{x}$	$\Delta y=\pm\left(\frac{1}{n}x^{\frac{1}{n}-1}\Delta x\right)$	$\delta_r=\pm\left(\frac{1}{n}\left\lvert\frac{\Delta x}{x}\right\rvert\right)$
$y=x_1/x_2$	$\Delta y=\pm\left(\frac{x_2\Delta x_1+x_1\Delta x_2}{x_2^2}\right)$	$\delta_r=\pm\left(\left\lvert\frac{\Delta x_1}{x_1}+\frac{\Delta x_2}{x_2}\right\rvert\right)$
$y=cx$	$\Delta y=\pm\lvert c\Delta x\rvert$	$\delta_r=\pm\left(\left\lvert\frac{\Delta x}{x}\right\rvert\right)$
$y=\lg x$	$\Delta y=\pm\left\lvert 0.434\ 3\frac{\Delta x}{x}\right\rvert$	$\delta_r=\Delta y/y$
$y=\ln x$	$\Delta y=\pm\left\lvert\frac{\Delta x}{x}\right\rvert$	$\delta_r=\Delta y/y$

第二节　系统误差的消除

一、测量仪表精确度

测量仪表的精确等级是用最大引用误差(又称允许误差)来标明的。它等于仪表示值中的最大绝对误差与仪表的量程范围之比的百分数。

$$\delta_{n\max}=\frac{最大示值绝对误差}{量程范围}\times100\%=\frac{d_{\max}}{X_n}\times100\% \quad (附录\ A-27)$$

式中　$\delta_{n\max}$——仪表的最大测量引用误差；

$d_{\max}$——仪表示值的最大绝对误差；X_n = 标尺上限值 = 标尺下限值。

通常情况下是用标准仪表校验较低级的仪表。所以，最大示值绝对误差就是被校表与标准表之间的最大绝对误差。

测量仪表的精度等级是国家统一规定的，把允许误差中的百分号去掉，剩下的数字就称为仪表的**精度等级**。仪表的精度等级常以圆圈内的数字标明在仪表的面板上。例如某台压力计的允许误差为1.5%，这台压力计电工仪表的精度等级就是1.5，通常简称**1.5级仪表**。

某仪表的精度等级为a，即表明仪表在正常工作条件下，其最大引用误差的绝对值$\delta_{\max}$不能超过的界限，即

$$\delta_{n\max}=\frac{d_{\max}}{X_n}\times 100\% \leqslant a\% \qquad \text{（附录 A－28）}$$

由式（附录A－28）可知，在应用仪表进行测量时所能产生的最大绝对误差（简称**误差限**）为

$$d_{\max}\leqslant a\% X_n \qquad \text{（附录 A－29）}$$

而用仪表测量的最大值相对误差为

$$\delta_{n\max}=\frac{d_{\max}}{X_n}\leqslant a\% \frac{X_n}{X} \qquad \text{（附录 A－30）}$$

由上式可以看出，用指示仪表测量某一被测量所能产生的最大示值相对误差，不会超过仪表允许误差$a\%$乘以仪表测量上限X_n与测量值X的比。在实际测量中为可靠起见，可用下式对仪表的测量误差进行估计，即

$$\delta_n=a\% \frac{X_n}{X} \qquad \text{（附录 A－31）}$$

二、系统误差的消除

实验中的系统误差又称为**错误**，应该尽可能地减小甚至消除。常用的方法有：

1. 对称法

力学实验中所采用的对称法包括两类：

（1）对称读数：例如拉伸试验中，试件两侧对称地测量变形，取其平均值就可消去加载偏心造成的影响，例如，使用蝶式引伸仪等双侧读数的仪表；又例如，为了达到同样目的，在试件对称部位分别粘贴应变片，取其平均应变值也可消去加载偏心造成的影响。

（2）加载对称：在加载和卸载时分别读数，这样可以发现可能出现的残余应力应变，并减小过失误差。

2. 校正法

经常对实验仪表进行校正，以减小因仪表不准所造成的系统误差。根据计量部门规定，材料试验机的测力度盘或传感器（相对误差不能大于1%）必须每年用标准测力计（相对误差小于0.5%）校准；又例如，电阻变应仪的灵敏系数设定，应定期用标准应变模拟仪进行校准。

3. 增量法（逐级加载法）

当需测量某些线性变形或应变时，在比例极限内，载荷由P_1增加到$P_2,P_3,\cdots,P_i$。在测量仪表或传感器输出上，便可以读出各级载荷所对应的读数$A_1,A_2,A_3,\cdots,A_i$，$\Delta A=A_i-A_{i-1}$称为**读数差**，各个读数的平均值就是当载荷增加ΔP（一般载荷都是等量增减）时的平均变形或应变。

增量法可以避免某些系统误差的影响。例如，材料试验机如果有摩擦力f(常量)存在，则每次施加于试件上的真实力为P_1+f，$P_2+f\cdots$ 再取其增量$\Delta P=(P_2+f)-(P_1+f)=P_2-P_1$，摩擦力$f$便消去了。又例如，传感器初始输出不为零时，如果采用增量法，传感器所带来的系统误差也可以消除掉。

材料力学实验中的弹性变形测量，一般采用增量法。

第三节　实验数据处理

一、实验数据整理的几条规定

1. 读数规定

(1)试验的原始数据应真实记录，不得进行任何加工整理。

(2)传感器输出数据如实记录；表盘、量具读数一般读到最小分格的1/2，其中最后一位有效数字是估读数字。

2. 数据取舍的规定

明显不合理的实验结果通常称为**异常数据**。例如，外载增加了，变形反而减小；理论上应为拉应力的区域测出为压应力等。这种异常数据往往由过失误差造成，发生这种情况时必须首先找出数据异常的原因，再重新进行测试。需要指出的是，对待实验中的异常数据，是剔除而不是将其修改为正常数据，对于明显不合理数据产生的原因也应在实验报告中进行分析讨论。

3. 多次重复试验的算术平均值

若在实验中，测量的次数无限多时，根据误差的分布定律，正负误差出现的几率相等。再经过细致地消除系统误差，将测量值加以平均，可以获得非常接近于真值的数值。但是实际上实验测量的次数总是有限的。用有限测量值求得的平均值只能是近似真值，常用的平均值有下列几种：

(1)算术平均值是最常见的一种平均值。设$x_1,x_2,\cdots,x_n$为各次测量值，n代表测量次数，则算术平均值为

$$\bar{x}=\frac{x_1+x_2+\cdots+x_n}{n}=\frac{\sum_{i=1}^{n}x_i}{n}\qquad(附录A-32)$$

(2) 几何平均值。几何平均值是将一组n个测量值连乘并开n次方求得的平均值。即

$$\bar{x}_{几}=\sqrt[n]{x_1\cdot x_2\cdots x_n}\qquad(附录A-33)$$

(3)均方根平均值用下式表示：

$$\bar{x}_{均}=\sqrt{\frac{x_1^2+x_2^2+\cdots+x_n^2}{n}}=\sqrt{\frac{\sum_{i=1}^{n}x_i^2}{n}}\qquad(附录A-34)$$

(4) 对数平均值。在结构振动实验、疲劳与断裂力学试验中，试验所得到的曲线有时会以指数或对数的形式表达，在这种情况下表征平均值常用对数平均值。

设两个量x_1、x_2，其对数平均值

$$\bar{x}_{对} = \frac{x_1 - x_2}{\ln x_1 - \ln x_2} = \frac{x_1 - x_2}{\ln \frac{x_1}{x_2}} \quad (附录 A-35)$$

应指出,变量的对数平均值总小于算术平均值。当 $x_1/x_2 \leqslant 2$ 时,可以用算术平均值代替对数平均值。

当 $x_1/x_2 = 2$, $\bar{x}_{对} = 1.443$, $\bar{x} = 1.50$, $(\bar{x}_{对} - \bar{x})/\bar{x}_{对} = 4.2\%$, 即 $x_1/x_2 \leqslant 2$,引起的误差不超过4.2%。

以上介绍各平均值的目的是要从一组测定值中找出最接近真值的那个值。在力学实验和多数科学研究中,数据的分布都属于正态分布,所以通常采用算术平均值。

4. 实验结果运算的规定

在科学与工程中,该用几位有效数字来表示测量或计算结果,总是以一定位数的数字来表示。不是说一个数值中小数点后面位数越多越准确。实验中从测量仪表上所读数值的位数是有限的,取决于测量仪表的精度,其最后一位数字往往是仪表精度所决定的估计数字。即一般应读到测量仪表最小刻度的十分之一位。数值准确度大小由有效数字位数来决定。

(1)有效数字。一个数据,其中除了起定位作用的"0"外,其他数都是有效数字。例如,0.0037 只有两位有效数字,而370.0 则有四位有效数字。一般要求测试数据有效数字为4 位。要注意有效数字不一定都是可靠数字,记录测量数值时只保留一位可疑数字。

保留有效数字位数的原则:

① 1 ~9 均为有效数字,0 既可以是有效数字,也可以作定位用的无效数字;

② 变换单位时,有效数字的位数不变;

③ 首位是8 或9 时,有效数字可多计一位;

④ 在以对数表达的实验数据值中,有效数字仅取决于小数部分数字的位数;

⑤ 常量分析一般要求四位有效数字,以表明分析结果的准确度为1‰。

为了清楚地表示数值的精度,明确读出有效数字位数,常用指数的形式表示,即写成一个小数与相应10 的整数幂的乘积。这种以10 的整数幂来记数的方法称为**科学记数法**。

例如:752 000　有效数字为4 位时,记为 7.520×10^5;

有效数字为3 位时,记为 7.52×10^5;

有效数字为2 位时,记为 7.5×10^5;

0.004 78　有效数字为4 位时,记为 4.780×10^{-3};

有效数字为3 位时,记为 4.78×10^{-3};

有效数字为2 位时,记为 4.7×10^{-3}。

(2)有效数字运算规则:

① 记录测量数值时,只保留一位可疑数字。

② 当有效数字位数确定后,其余数字一律舍弃。舍弃办法是四舍六入,即末位有效数字后边第一位小于5,则舍弃不计;大于5 则在前一位数上增1;等于5 时,前一位为奇数,则进1为偶数,前一位为偶数,则舍弃不计。这种舍入原则可简述为"小则舍,大则入,正好等于奇变偶"。例如,保留四位有效数字:

3.717 29 ⟶ 3.717；

5.142 85 ⟶ 5.143

7.623 56 ⟶ 7.624

9.376 56 ⟶ 9.376

③ 在加减计算中，各数所保留的位数，应与各数中小数点后位数最少的相同。例如，将24.65，0.0082，1.632三个数字相加时，应写为24.65 + 0.01 + 1.63 = 26.29。

④ 在乘除运算中，各数所保留的位数，以各数中有效数字位数最少的那个数为准；其结果的有效数字位数亦应与原来各数中有效数字最少的那个数相同。例如，0.012 1 × 25.64 × 1.057 82应写成0.012 1 × 25.64 × 1.06 = 0.328。上例说明，虽然这三个数的乘积为0.328 182 3，但只应取其积为0.328。

⑤ 在对数计算中，所取对数位数应与真数有效数字位数相同。

二、数据拟合常用方法简介

力学实验的常规成果是实验数据，为了简洁明了地表达两个或多个相关物理量之间的关系，有时需要将数据拟合成函数关系并画出相应的函数曲线，这样处理之后的实验成果不仅便于分析比较，也便于发现和归纳其中的规律，而且有利于成果的推广引用，必要时还可以根据函数关系进一步细化或推演实验数据。所以现代力学实验中许多带实验数据处理功能的程序，都包含有数据拟合软件程序。下面介绍工程力学实验中常见的数据拟合方法。

（一）一元线性回归方法简介

一元线性回归是实验数据处理和求经验公式最常用的方法之一，使用该方法，可以依据一组实验数据，确定线性方程 $y = a + bx$ 中的未知常数 a 和 b。具体来说，若两物理量满足线性相关关系，并由实验测得一组数据 x_k、y_k（$k = 1, 2, 3, \cdots, n$），一元线性回归方法就是利用最小二乘法来确定最佳拟合直线，来反映两个变量的关系。已知样本的数据总数 n，线性回归的方程为

$$y = a + bx \pm \Delta y$$

式中，$a = \bar{y} - b\bar{x}$；回归系数 $b = \dfrac{l_{xy}}{l_{xx}}$，是回归直线的斜率；$\bar{x} = \dfrac{1}{n}\sum x_k$；$\bar{y} = \dfrac{1}{n}\sum y_k$；剩余标准差 Δy 是数据点偏离回归值或数据分散性的度量，也是回归效果好坏的一种度量，其计算公式为

$$\Delta y = \sqrt{(l_{yy} - bl_{xy})/(n-2)}$$

可以证明，$(\Delta y)^2$ 是总体方差 σ^2 的无偏估计，粗略地说，将有68%的数据点位于两条直线 $y = a + bx + \Delta y$ 和 $y = a + bx - \Delta y$ 之间的区域内。相关系数 r 的计算公式为

$$r = l_{xy}/\sqrt{l_{xx}l_{yy}}$$

在以上各式中，

$$l_{xx} = \sum x_k^2 - \frac{1}{n}\left(\sum x_k\right)^2$$

$$l_{yy} = \sum y_k^2 - \frac{1}{n}\left(\sum y_k\right)^2$$

$$l_{xy} = \sum x_k y_k - \frac{1}{n}\left(\sum x_k\right)\left(\sum y_k\right)$$

相关系数反映两个变量线性相关关系的密切程度,其绝对值越接近 1,则两个变量线性相关的程度越高,可用相关系数的显著性检验来判别。

在实际工作中有许多复杂的函数形式,可以经过适当的变换将其变为线性关系,然后再进行一元线性回归分析。

(二)曲线拟合的最小二乘法简介

线性关系是最简单的函数关系,大多数力学实验所得数据之间的联系都不是线性关系所能正确表达的。要拟合这样的离散实验数据,往往需要根据一组给定的实验数据$(x_i, y_i)$$(i=0,1,2,\cdots,m)$,如附录 A 图 -5 所示,求出自变量 x 与因变量 y 的函数关系

$$y = s(x, a_0, a_1, \cdots, a_n) \qquad (n<m)$$

因为观测数据总有误差,且待定参数 a_i 的数量比给定数据点的数量少(即 $n<m$),所以这类问题不要求 $y=s(x)=s(x,a_0,a_1,\cdots,a_n)$通过点$(x_i,y_i)$$(n=0,1,\cdots,m)$,而只要求在给定点 x_i 上的误差 $\delta_i = s(x)-y_i$$(i=0,1,\cdots,m)$的平方和 $\sum\limits_{i=0}^{m}\delta_i^2$ 最小。

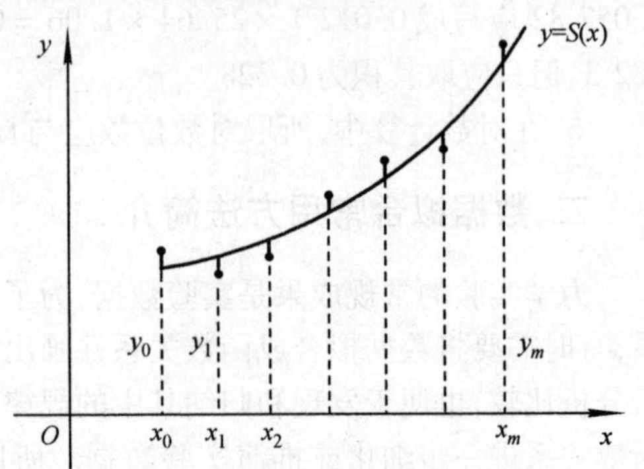

附录 A 图 -5　离散实验数据的分析图

$$\sum_{i=0}^{m}[s(x_i-y_i]^2 = [\sum_{i=1}^{m}\delta_i^2]_{\min}$$

$$s(x) = a_0\varphi_0(x) + a_1\varphi_1(x) + \cdots + a_n\varphi_n(x) \qquad (n<m)$$

当 $s(x)\in \text{span}\{\phi_0,\phi_1,\cdots,\phi_n\}$时,即有

$$s(x) = a_0\varphi_0(x) + a_1\phi_1(x) + \cdots + a_n\phi_n(x) \tag{附录 A-36}$$

向量 $\phi_0,\phi_1,\cdots,\phi_n$ 的所有线性组合构成的集合,称为 $\phi_0,\phi_1,\cdots,\phi_n$ 的张成(span)。向量 $\phi_0,\phi_1,\cdots,\phi_n$ 的张成记为 $\text{span}\{\phi_0,\phi_1,\cdots,\phi_n\}$

这里 $\phi_0(x),\phi_1(x),\cdots,\phi_n(x)\in[a,b]$是线性无关的函数族。

假定在$[a,b]$上给出一组数据$\{(x_i,y_i),i=1,2,\cdots,m\}$,$a\leqslant x_i\leqslant b$,以及对应的一组权,这里 $\rho_i>0$ 为权系数,要求 $s(x)=\text{span}\{\phi_0,\phi_1,\cdots,\phi_n\}$使 $I(a_0,a_1,\cdots,a_n)$最小,其中

$$I(a_0,a_1,\cdots,a_n) = \sum_{i=0}^{m}\rho_i[s(x_i)-y_i]^2 \tag{附录 A-37}$$

这就是最小二乘逼近,所得拟合曲线为 $y=s(x)$,这种方法称为**曲线拟合的最小二乘法**。

式(附录 A-37)中 $I(a_0,a_1,\cdots,a_n)$实际上是关于 $a_0,a_1,\cdots,a_n$ 的多元函数,求 I 的最小值就是求多元函数 I 的极值,由极值必要条件,可得

$$\frac{\partial I}{\partial a_k} = 2\sum_{i=1}^{m}\rho_i[a_0\varphi_0(x_i)+a_1\varphi_1(x_i)+\cdots+a_n\varphi_n(x_i)-y_i]\varphi_k(x_i) \quad (k=0,1,\cdots,n) \tag{附录 A-38}$$

根据内积定义引入相应带权内积记号

$$\begin{pmatrix} (\varphi_j,\varphi_k) = \sum\limits_{i=1}^{m}\rho_i\varphi_j(x_i)\varphi_k(x_i) \\ (y,\varphi_k) = \sum\limits_{i=1}^{m}\rho_i y_i\varphi_k(x_i) \end{pmatrix} \tag{附录 A-39}$$

则式(附录 A-38)可改写为

$$(\varphi_0,\varphi_k)a_0+(\varphi_1,\varphi_k)a_1+\cdots+(\varphi_n,\varphi_k)a_n=(y,\varphi_k)\quad(k=0,1,\cdots,n)$$

这是关于参数 $a_0,a_1\cdots a_n$ 的线性方程组,用矩阵表示为

$$\begin{pmatrix}(\varphi_0,\varphi_0) & (\varphi_0,\varphi_1) & \cdots & (\varphi_0,\varphi_n)\\(\varphi_1,\varphi_0) & (\varphi_1,\varphi_1) & \cdots & (\varphi_1,\varphi_n)\\ \vdots & \vdots & & \vdots\\(\varphi_n,\varphi_0) & (\varphi_n,\varphi_1) & \cdots & (\varphi_n,\varphi_n)\end{pmatrix}\begin{pmatrix}a_0\\a_1\\ \vdots\\a_n\end{pmatrix}=\begin{pmatrix}(y,\varphi_0)\\(y,\varphi_1)\\ \vdots\\(y,\varphi_n)\end{pmatrix}\qquad(附录A-40)$$

式(附录A-40)称为**法方程**,当 $\{\varphi_j(x),j=1,2,\cdots,n\}$ 线性无关,且在点集 $X=\{x_0,x_1,\cdots,x_n\}(m\geqslant n)$ 上至多只有 n 个不同零点,则称 $\varphi_0,\varphi_1,\cdots,\varphi_n$ 在 X 上**满足 Haar 条件**,此时(附录A-40)的解存在且唯一(证明略),即式(附录A-40)的解为

$$a_k=a_k^*\qquad(k=0,1,\cdots,n)$$

从而得到最小二乘拟合曲线

$$y=s^*(x)=a_0^*\varphi_0(x)+a_1^*\varphi_1(x)+\cdots+a_n^*\varphi_n(x)\qquad(附录A-41)$$

可以证明对 $\forall(a_0,a_1,\cdots,a_n)^{\mathrm T}\in\mathbf{R}^{n+1}$,有

$$I(a_0^*,a_1^*,\cdots,a_n^*)\leqslant I(a_0,a_1,\cdots,a_n)$$

故(附录A-41)得到的 $s^*(x)$ 即为所求的最小二乘解,它的平方误差为

$$\|\delta\|_2^2=\sum_{i=1}^{m}\rho_i[s^*(x_i)-y_i]^2\qquad(附录A-42)$$

均方误差为

$$\|\delta\|_2=\sqrt{\sum_{i=1}^{m}\rho_i[s^*(x_i)-y_i]^2}$$

上节所述一元线性回归是 $n=1$ 的例子。

值得注意的是,在最小二乘逼近中,若取 $\varphi_k(x)=x^k(k=0,1,\cdots,n)$,则

$$s(x)\in\mathrm{span}\{1,x,x^2,\cdots,x^n\}$$

表示为

$$s(x)=a_0+a_1x+a_2x^2+\cdots+a_nx^n\qquad(附录A-43)$$

此时关于系数 $a_0,a_1,\cdots,a_n$ 的法方程组(附录A-40)是病态方程,通常当 $n\geqslant3$ 时不直接取 $\varphi_k(x)=x^k$ 作为基。

【例1】 设经实验取得一组数据如下:

x_i	1	2	5	7
y_i	9	4	2	1

试求它的最小二乘拟合曲线[取 $\rho(x)\equiv1$]。

解 显然 $n=1,m=3$,且

$$x_0=1,\quad x_1=2,\quad x_2=5,\quad x_3=7$$

$$y_0=9,\quad y_1=4,\quad y_2=2,\quad y_3=1$$

在 Oxy 坐标系中画出散点图,可发现这些点基本位于一条双曲线附近,于是可取拟合函数类 $\phi=\mathrm{span}\{\phi_0(x),\phi_1(x)\}=\mathrm{span}\{1,1/x\}$,在其中选

$$\phi(x)=a_0\varphi_0(x)+a_1\varphi_1(x)=a_0+\frac{a_1}{x}$$

去拟合上述数据。

$$(\varphi_0,\varphi_0) = \sum_{i=0}^{3} 1\times 1 = 4 \qquad (\varphi_1,\varphi_0) = \sum_{i=0}^{3} \frac{1}{x_i}\times 1 = 1.842\,857$$

$$(\varphi_0,\varphi_1) = \sum_{i=0}^{4} 1\times \frac{1}{x_i} = 1.842\,857 \qquad (\varphi_1,\varphi_1) = \sum_{i=0}^{4} \frac{1}{x_i}\times \frac{1}{x_i} = 1.310\,408$$

$$(f,\varphi_0) = \sum_{i=0}^{4} y_i \times 1 = 16$$

$$(f,\varphi_1) = \sum_{i=0}^{4} y_i \times \frac{1}{x_i} = 11.542\,857$$

得法方程组：

$$\begin{pmatrix} (\varphi_0,\varphi_0) & (\varphi_1,\varphi_0) \\ (\varphi_0,\varphi_1) & (\varphi_1,\varphi_1) \end{pmatrix}\begin{pmatrix} a_0 \\ a_1 \end{pmatrix} = \begin{pmatrix} (f,\varphi_0) \\ (f,\varphi_1) \end{pmatrix}$$

即

$$\begin{pmatrix} 4 & 1.842\,857 \\ 1.842\,857 & 1.310\,408 \end{pmatrix}\begin{pmatrix} a_0 \\ a_1 \end{pmatrix} = \begin{pmatrix} 16 \\ 11.5428\,57 \end{pmatrix}$$

解得$a_0 = -0.165\,432$， $a_1 = 9.041\,247$，于是所求拟合函数为

$$\varphi^*(x) = -0.165\,432 + \frac{9.041\,247}{x}$$

前面所讨论的最小二乘问题都是线性的，即 $\varphi(x)$ 关于待定系数 $a_0, a_1, \cdots, a_m$ 是线性的。若 $\varphi(x)$ 关于待定系数 $a_0, a_1, \cdots, a_m$ 是非线性的，则往往先用适当的变换把非线性问题线性化后，再求解。

例如，对 $y = \varphi(x) = a_0 e^{a_1 x}$，取对数得 $\ln y = \ln a_0 + a_1 x$，

记 $A_0 = \ln a_0, A_1 = a_1, u = \ln y, x = x$，则有 $u = A_0 + A_1 x$，它是关于待定系数 A_0, A_1 是线性的，于是 A_0, A_1 所满足的法方程组是

$$\begin{pmatrix} (\varphi_0,\varphi_0) & (\varphi_1,\varphi_0) \\ (\varphi_0,\varphi_1) & (\varphi_1,\varphi_1) \end{pmatrix}\begin{pmatrix} A_0 \\ A_1 \end{pmatrix} = \begin{pmatrix} (u,\varphi_0) \\ (u,\varphi_1) \end{pmatrix}$$

其中 $\varphi_0(x) = 1, \varphi_1(x) = x$，由上述方程组解得 A_0, A_1 后，再由 $a_0 = e^{A_0}, a_1 = A_1$，求得 $\varphi^*(x) = a_0 e^{a_1 x}$。

【例 2】 由实验得到一组数据如下：

x_i	0	0.5	1	1.5	2	2.5
y_i	2.0	1.0	0.9	0.6	0.4	0.3

试求它的最小二乘拟合曲线[取 $\rho(x) = 1$]。

解 显然 $m = 5$，且

$$x_0 = 0,\quad x_1 = 0.5,\quad x_2 = 1,\quad x_3 = 1.5,\quad x_4 = 2,\quad x_5 = 2.5,$$

$$y_0 = 2.0,\quad y_1 = 1.0,\quad y_2 = 0.9,\quad y_3 = 0.6,\quad y_4 = 0.4,\quad y_5 = 0.3.$$

在 Oxy 坐标系中画出散点图，可见这些点近似于一条指数曲线 $y = a_0 e^{a_1 x}$，记

$$A_0 = \ln a_0,\quad A_1 = a_1,\quad u = \ln y,\quad x = x$$

则有

$$u = A_0 + A_1 x$$

记 $\varphi_0(x)=1,\varphi_1(x)=x$,则

$$(\varphi_0,\varphi_0)=\sum_{i=0}^{5}(1\times 1)=6,\qquad (\varphi_1,\varphi_0)=\sum_{i=0}^{5}(x_i)\times 1=7.5,$$

$$(\varphi_0,\varphi_1)=\sum_{i=0}^{4}(1\times x_i)=7.5,\qquad (\varphi_1,\varphi_1)=\sum_{i=0}^{4}(x_i\times x_i)=13.75,$$

$$(u,\varphi_0)=\sum_{i=0}^{4}\ln(y_i\times 1)=-2.043\,302,$$

$$(u,\varphi_1)=\sum_{i=0}^{4}\ln(y_i\times x_i)=-5.714\,112,$$

得法方程组

$$\begin{pmatrix}(\varphi_0,\varphi_0) & (\varphi_1,\varphi_0)\\ (\varphi_0,\varphi_1) & (\varphi_1,\varphi_1)\end{pmatrix}\begin{pmatrix}A_0\\ A_1\end{pmatrix}=\begin{pmatrix}(u,\varphi_0)\\ (u,\varphi_1)\end{pmatrix}$$

即

$$\begin{pmatrix}6 & 7.5\\ 7.5 & 13.75\end{pmatrix}\begin{pmatrix}A_0\\ A_1\end{pmatrix}=\begin{pmatrix}-2.043\,302\\ -5.714\,112\end{pmatrix}$$

解得 $A_0=0.562\,302,A_1=-0.722\,282$,于是 $a_0=e^{A_0}=1.754\,708,a_1=A_1=-0.722\,282$,故所求拟合函数为

$$\varphi^*(x)=1.754\,708e^{-0.722\,282}$$

附录 B　电测法的基本原理

应变电测法，简称**电测法**，是实验应力分析的重要方法之一。电测法就是将物理量、力学量、机械量等非电量通过敏感元件转换成电量来进行测量的一种实验方法，它的突出优点体现在被测信号易于放大，实验数据便于处理、存储、传输，该方法的原理框图如附录 B 图 -1 所示。

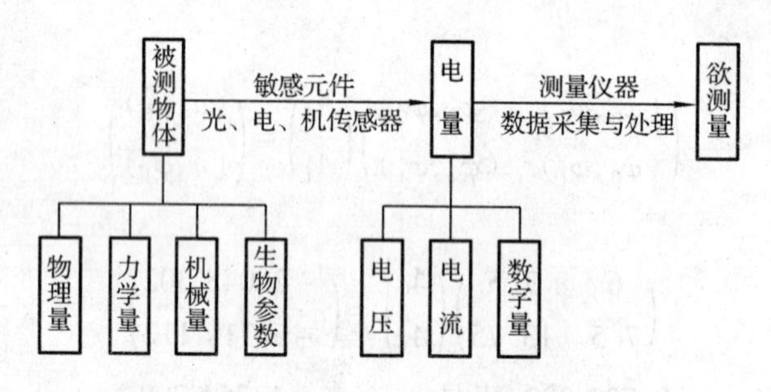

附录 B 图 -1　电测技术原理图

电测法以测量精度高、传感元件小和测量范围广等优点，在工程中得到广泛应用。现着重介绍以电阻应变片为敏感元件，通过电阻应变测试仪测定构件表面应变的电测实验方法。

一、电阻应变片的工作原理

敏感元件能感知外界的各种信息，按性质可分光敏、气敏、声敏、压敏等。按其工作原理则可分电阻式、电容式、电感式、电压式、电磁式及其他特殊形式等。其中以电阻式结构最简单，应用最广泛。

1. 电阻片的"应变-电"效应

在物理学中，金属丝的电阻值随机械变形而发生变化的现象称为"应变-电"效应。电阻式敏感元件本质上就是一段可变形的金属丝，称为**电阻应变片或电阻应变计**，简称**电阻片或应变片**（见附录 B 图 -2）。

（1）应变片的构造。电阻应变片一般由敏感栅、黏结剂、覆盖层、基底和引出线五部分组成（见附录 B 图 -2），敏感栅由具有高电阻率的细金属丝或箔（如康铜、镍铬等）加工成栅状，用黏结剂牢固地将敏感栅固定在覆盖层与基底之间。在敏感栅的两端焊有用铜丝制成的引线，用于与测量导线连接。基底和覆盖层通常用胶膜制成，它们的作用是固定和保护敏感栅，当应变片被粘贴在试件表面之后，由基底将试件的变形传递给敏感栅，并在试件与敏感栅之间起绝缘作用。

（2）应变片的种类。常用的常温应变片有金属丝式应变片、金属箔式应变片（见附录 B 图 -3）和半导体应变片，其中以箔式应变片应用最广。丝式应变片是用直径为 0.003 ~ 0.01 mm的合金丝绕成栅状而制成；箔式应变片则是用 0.003 ~ 0.01 mm 厚的箔材经化学腐蚀成栅状；以上两种敏感栅做成栅状主要是保证要求的电阻值条件下，尽量减小尺寸以测量较小面积内的应变，半导体材料则由于阻值大，不需栅状即可满足阻值要求，可以做成任意小的尺寸，而且温变影响小，几乎可以不用补偿。

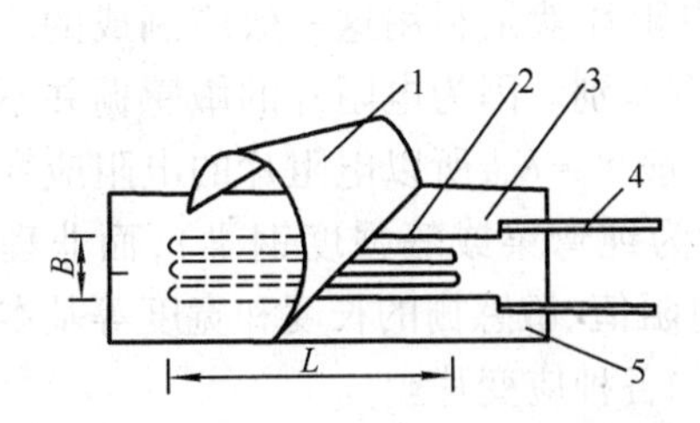

附录 B 图 -2　电阻片结构简图

1—覆盖层；2—敏感栅；3—黏结剂；
4—引出线；5—基底。

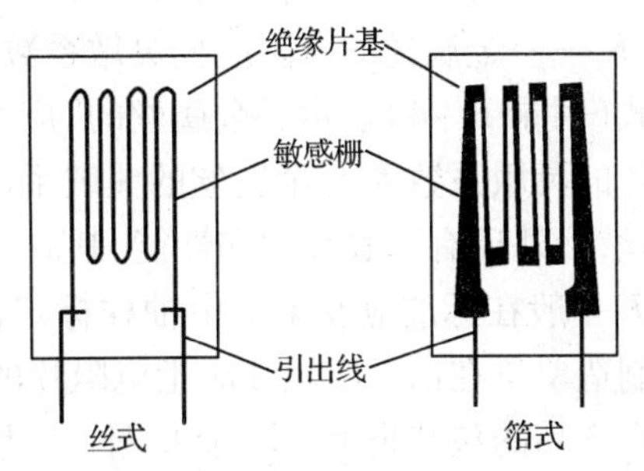

附录 B 图 -3　丝式应变片与箔式应变片

（3）电阻应变花。应变花是一种多轴式应变片，是由两片或三片单个的应变片按一定角度组合而成（见附录 B 图 -4），具体做法是在同一基底上，按特殊角度布置了几个敏感栅，可测量同一点几个方向的应变，它用于测定复杂应力状态下某点的主应变大小和方向。

(a)45°　应变花

(b)90°　应变花

(c)120°　应变花

附录 B 图 -4　电阻应变花图示

另外，还有专门测量环形应变场的圆周应变花，用于测量应变梯度的并列应变片和测量微裂纹扩展的梯度应变片等。

将电阻片安装（如粘贴）在被测构件的表面，构件受力而变形时，电阻片的主体敏感栅随之产生相同应变，其电阻值发生变化，用仪器测量此电阻变化即可得到构件在电阻片粘贴表面沿敏感栅轴线方向的应变。实验表明，被测物体测量点沿电阻片敏感栅轴线方向的应变 $\Delta l/l$ 与电阻片的电阻变化率 $\Delta R/R$ 成正比关系。即

$$\frac{\Delta R}{R}=K\frac{\Delta l}{l} \tag{附录 B-1}$$

上式关系称为电阻片的“**应变-电**”效应，式中 K 称为电阻片的**电阻应变灵敏系数**。

金属细丝的电阻值 R 与丝长度 l 及截面积 A 之间的关系由物理学公式得

$$R=\rho\frac{l}{A} \tag{附录 B-2}$$

系数 ρ 为金属丝的**电阻率**，上式等号两边取对数再微分得

$$\frac{\Delta R}{R}=\frac{\Delta l}{l}-\frac{\Delta A}{A}+\frac{\Delta\rho}{\rho} \tag{附录 B-3}$$

根据金属物理和材料力学理论得知，$\Delta A/A$、$\Delta\rho/\rho$ 也与 $\Delta l/l$ 成线性关系，由此得到

$$\frac{\Delta R}{R}=[(1+2\mu)+m(1-2\mu)]\Delta l/l=K_s\Delta l/l \tag{附录 B-4}$$

式中 μ——金属丝材料的泊松比；

m——材料常数，与材料的种类有关；

K_s——金属丝的电阻应变灵敏系数。

式(附录 B－4)表示了金属丝的“应变-电”效应，电阻片就是利用这一效应制成的。制成电阻片的灵敏系数 K 与金属丝的灵敏系数 K_s 有关，但有差别。因为电阻片的敏感栅并不是一根直丝，另外还有基底尺寸和性能、制造工艺等因素，一般 $K \neq K_s$，所以电阻片的电阻应变灵敏系数 K 一般在标准应变梁上由抽样标定测得(标定梁为纯弯梁或等强度钢梁)，而非理论计算。制造单位在出厂电阻片时把电阻片的灵敏系数、电阻值、敏感栅的长度和宽度等基本参数表明在产品的包装袋上。附录 B 图－5 为工程中常用的各种应变片。

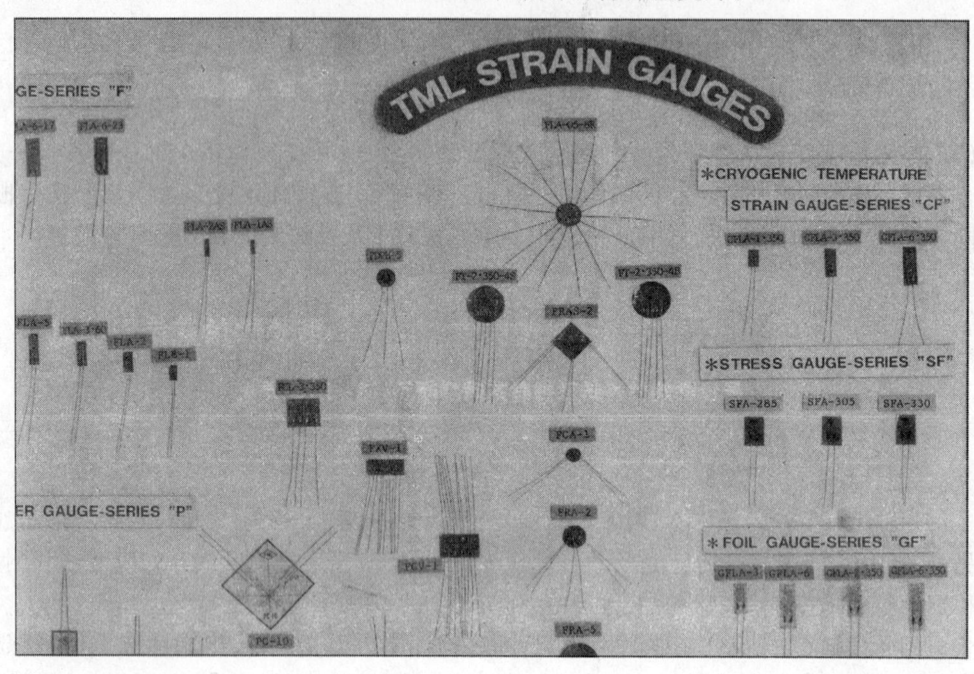

附录 B 图－5 工程中常用的各种应变片

2. 电阻片的温度效应

温度变化时，金属丝的电阻值也随着产生变化，称之为$(\Delta R/R)_T$。该电阻变化是由两部分引起的，一是电阻丝的电阻温度系数引起的

$$\left(\frac{\Delta R}{R}\right)_T' = \alpha_T \Delta T$$

另一部分是由于金属丝与构件的材料膨胀系数不同而引起的

$$\left(\frac{\Delta R}{R}\right)_T'' = K_s(\beta_2 - \beta_1)\Delta T$$

因而温度引起的电阻变化为

$$\left(\frac{\Delta R}{R}\right)_T = [\alpha_T + K_s(\beta_2 - \beta_1)]\Delta T \qquad \text{(附录 B－5)}$$

式中 α_T——金属丝(箔)材料的电阻温度系数；

β_1——金属丝（箔）材料的热膨胀系数；

β_2——构件材料的热膨胀系数。

要想准确地测量构件的应变，就要克服温度对电阻变化的影响。一种方法是使电阻片的系数$[\alpha_T + K_s(\beta_2 - \beta_1)]$等于零，这种电阻片称为**温度自补偿电阻片**；另一种方法是利用测量电路-电桥的特性来克服的，这将在下面阐述。

3. 电阻片的粘贴方法

粘贴电阻片是应变电测法的一个重要环节，它直接影响测量的精度。粘贴时，首先必须保证被测构件表面的清洁平整，无油污、无锈，其次要保证粘贴位置准确，第三要选用专用的黏结剂。粘贴的步骤如下：

（1）打磨。测量部位的表面，经打磨后应平整光滑，无锈点；打磨可使用砂轮、砂纸等。

（2）画线。测量点精确地用钢针画好十字交叉线以便定位。

（3）清洗。用浸有丙酮的脱脂棉清洗欲测部位表面，清除油污，保持清洁干净。

（4）粘贴。在电阻片底面均匀地涂上一层黏结剂，胶层厚度要适中，然后对准十字交叉线粘贴在欲测部位。黏结剂有502快干胶及其他常温及高温固化胶。再用同样的方法粘贴引线端子。

（5）焊线。将电阻片的两根引出线焊在引线端子上，再焊出两根导线。

二、测量电路-电桥的工作原理

测量电路的作用是将电阻片感受的电阻变化$\Delta R/R$变换成电压变化输出，再经放大电路放大。

测量电路有多种，最常用的是桥式测量电路，它有四个桥臂R_1、R_2、R_3、R_4分别接在A、B、C、D之间，如附录B图-6所示。电桥的对角点A、C接电源E。另一对角点B、D为电桥的输出端，其输出电压为U_{DB}。可以证明输出电压

$$U_{DB} = \left(\frac{R_1}{R_1 + R_2} - \frac{R_4}{R_3 + R_4}\right)E \qquad \text{（附录B-6）}$$

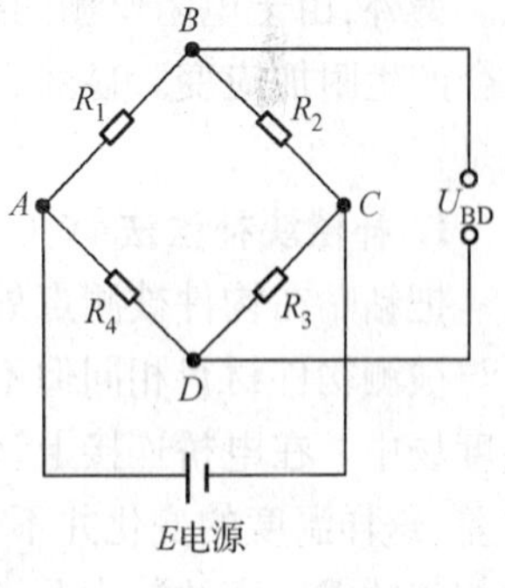

附录B图-6　桥式测量电路

若电桥的四个桥臂分别接入四枚粘贴在构件上的电阻片。当构件变形时，其应变片电阻值的变化分别为$R_1 + \Delta R_1$、$R_2 + \Delta R_2$、$R_3 + \Delta R_3$、$R_4 + \Delta R_4$，此时，电桥的输出电压即为

$$U_{DB} + \Delta U_{DB} = \left(\frac{R_1 + \Delta R_1}{R_1 + R_2 + \Delta R_1 + \Delta R_2}\right)E - \left(\frac{R_4 + \Delta R_4}{R_3 + R_4 + \Delta R_3 + \Delta R_4}\right)E \qquad \text{（附录B-7）}$$

由式（附录B-7）和（附录B-6）可以解出电桥电压的变化量ΔU_{DB}。当$\Delta R/R \ll 1$，ΔU_{DB}可以简化为

$$\Delta U_{DB} = \frac{a}{(1+a)^2}\left(\frac{\Delta R_1}{R_1} - \frac{\Delta R_2}{R_2}\right)E - \frac{b}{(1+b)^2}\left(\frac{\Delta R_4}{R_4} - \frac{\Delta R_3}{R_3}\right)E \qquad \text{（附录B-8）}$$

其中$a = R_2/R_1$，$b = R_3/R_4$。当$R_1 = R_2 = R_3 = R_4$时，式（附录B-8）又可进一步简化成

$$\Delta U_{DB} = \frac{E}{4}\left(\frac{\Delta R_1}{R_1} - \frac{\Delta R_2}{R_2} + \frac{\Delta R_3}{R_3} - \frac{\Delta R_4}{R_4}\right) \qquad \text{（附录B-9）}$$

上式表明，电桥输出电压的变化量ΔU_{DB}与四个桥臂的电阻变化率成线性关系。需要注意

的是该式成立的必要条件是

(1)小应变,$\frac{\Delta R}{R} \ll 1$;

(2)等桥臂,即 $R_1 = R_2 = R_3 = R_4$。

当四枚电阻片的灵敏系数 K 相等时,式(附录 B－9)可以写成

$$\Delta U_{DB} = \frac{EK}{4}(\varepsilon_1 - \varepsilon_2 + \varepsilon_3 - \varepsilon_4) \qquad \text{(附录 B－10)}$$

式(附录 B－10)中,ε_1、ε_2、ε_3、ε_4分别代表电阻片 R_1、R_2、R_3、R_4感受的应变值,上式表明,电压变化量 ΔU_{DB}与四个桥臂电阻片对应的应变值 ε_1、ε_2、ε_3、ε_4成线性关系。应当注意,式中的 ε 是代数值,其符号由变形方向决定。通常拉应变为正,压应变为负。可以看出,相临两臂的 ε(例如,ε_1、ε_2或 ε_3、ε_4)符号一致时,根据式(附录 B－10),两式应变相抵消。如符号相反,则两应变绝对值相加。而相对两臂的 ε(例如 ε_1 和 ε_3)符号一致时,其绝对值相加,否则二者相互抵消。显然,不同符号的应变按照不同的顺序组桥,会产生不同的测量效果。因此,灵活地运用式(附录 B－10),正确地布片和组桥,可提高测量的灵敏度并减少误差。这种作用称为**电桥的加减特性**。两相对桥臂上应变片的应变增量同号时(即同为拉应变或同为压应变),则输出应变为两者之和;异号时为两者之差。

利用上述特性,不仅可以进行温度补偿,增大读数应变,提高测量的灵敏度,还可以测出在复杂应力状态下单独由某种内力因素产生的应变(详见弯扭组合试验)。具体如何实现,请同学们在电测线路联接中实践,以加深印象。

三、温度补偿和温度补偿片

贴有应变片的构件总是处于某一温度场中,当温度变化时,应变片敏感栅的电阻会发生变化。另外,由于电阻丝栅的线膨胀系数与构件的线膨胀系数不一定相同,温度改变时,应变片也会产生附加应变。显然,这些都是虚假应变,应当排除。排除的措施叫温度补偿。补偿的办法是:

1. 补偿块补偿法

把粘贴在构件被测点处的应变片称为**工作片**,用另一片相同的应变片作为**补偿片**,把它贴在与被测构件材料相同但不受力的试件上。将该试件与被测构件放在一起,使它们处于同一温度场中。在电桥连接上,使工作片和补偿片处于相邻桥臂中,由于相邻桥臂应变读数为两者之差,这样温度的变化并不会造成电桥输出电压的变化,也就是不会造成读数应变的变化(因为相邻桥臂应变读数为两者之差)。这样便自动消除了温度效应的影响。应当注意的是,工作片和温度补偿片都是相同的应变片,它们的阻值、灵敏系数和电阻温度系数都应基本相同,也就是同一盒或同一批次的应变片,它们感应温度的效应基本相同,组成等臂电桥,这样才能达到消除温度应变的影响。当然,补偿片也可贴在受力构件上应变恒等于零的位置上。由式(附录 B－10)电桥特性可知,只要将补偿片正确的接在桥路中即可消除温度变化所产生的影响。

2. 工作片补偿法

这种方法不需要补偿片和补偿块,而是在同一被测构件上利用对称性粘贴工作应变片,将两个应变绝对值相等、符号相反的工作片接入相邻桥臂,根据电桥的基本特性及式(附录 B－

10)，即可消除温度变化所引起的应变，得到所需测量的应变。

以上两种补偿方法，除工作片和补偿片外，还需使用仪器中设有的内接标准电阻，内接标准电阻为精密无感电阻，阻值不随温度改变。

四、几种常用的组桥方式

(1)半桥单臂测量。俗称1/4桥，电桥中只有一个桥臂(例如AB臂)是参与机械变形的电阻片，其他三个桥臂的电阻片都不参与机械变形，如附录B图-7(d)所示。此时须考虑温度补偿，一般将R_2设为温度补偿片(补偿块补偿法)，R_3、R_4为仪器内接标准电阻。这时，电桥的输出电压为

$$\Delta U_{\mathrm{DB}} = \frac{E}{4}\Delta R_1/R_1 = \frac{EK}{4}\varepsilon_1 \qquad \text{(附录 B-11)}$$

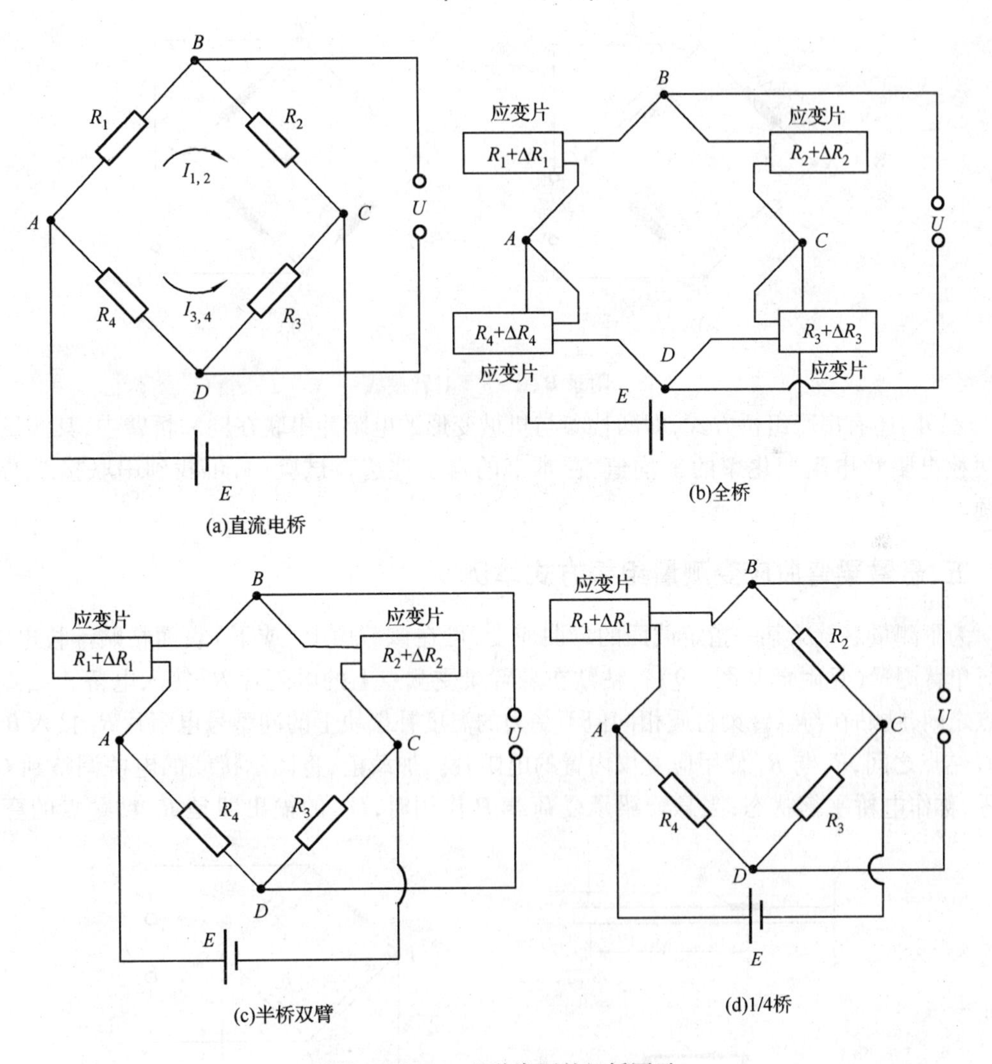

附录B图-7　几种常用的组桥图示

(2)半桥双臂测量。电桥中相邻两个桥臂(如AB,BC桥臂)为参与机械变形的电阻片，此时两个工作片温度互补，其他两个桥臂是仪器内接标准电阻，如附录B图-7(c)所示。这时

电桥的输出电压为

$$\Delta U_{\mathrm{DB}}=\frac{E}{4}\left(\frac{\Delta R_1}{R_1}-\frac{\Delta R_2}{R_2}\right)=\frac{EK}{4}(\varepsilon_1-\varepsilon_2) \quad (附录 B-12)$$

(3)全桥测量。电桥中四个桥臂都是参与机械变形的电阻片,如附录 B 图 -7(b),四个桥臂的电阻都处于相同的温度条件下,相互抵消了温度的影响。这时电桥的输出电压与公式(附录 B-9)及(附录 B-10)相同。

(4)对臂测量(附录 B 图 -8)。其中两个对臂连接参加机械变形的工作片,另两个对臂接温度补偿片。这时四个桥臂的电阻都处于相同的温度条件下,相互抵消了温度的影响。附录 B 图 -8(a)的输出计算为

$$\Delta U_{\mathrm{DB}}=\frac{E}{4}\left(\frac{\Delta R_1}{R_1}+\frac{\Delta R_3}{R_3}\right)=\frac{EK}{4}(\varepsilon_1+\varepsilon_3) \quad (附录 B-13)$$

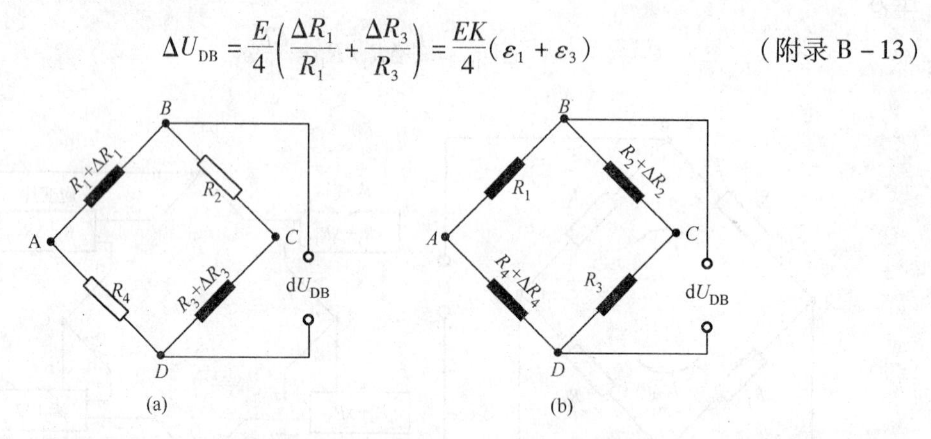

附录 B 图 -8　对臂接线

另外,还有串联组桥方式,即两枚参与机械变形的电阻片串联在同一桥臂中,其测量结果为两枚电阻片电阻变化率的平均值,在本书的自主性选择试验中,可找到串联接线的试验例题。

五、悬臂梁弯曲应变测量组桥方式举例

为了测量悬壁梁某一指定截面的弯曲应变,可在该截面上(或下)表面粘贴一枚电阻片,进行单臂测量(见附录 B 图 -9)。粘贴在悬臂梁受测点上的电阻片 R_1 接入电桥 A 结点与 B 结点之间,粘贴在与悬臂梁材质相同但不受力的温度补偿块上的同型号电阻片 R_2 接入 B 结点与 C 结点之间,R_3 与 R_4 使用应变仪内置的电阻片。加载前,将图示接线的电桥调整到 U_{DB} 等于零,称作电桥平衡状态,当悬臂梁承受荷载 P 作用时,U_{DB} 的输出即是 R_1 粘贴点的弯曲应

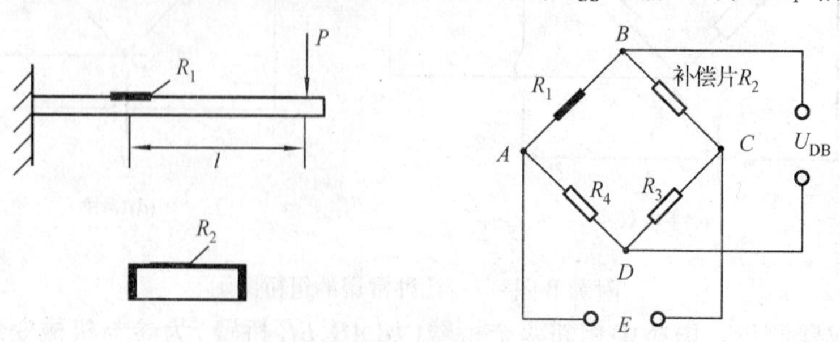

附录 B 图 -9　悬臂梁弯曲应变的单臂测量

变，如式(附录 B－11)所示。

为提高测量灵敏度，也可在该截面上、下表面各贴一枚电阻片，接成半桥测量(见附录 B 图－10)，测量结果是该截面弯曲应变的两倍。即

$$\Delta U_{\mathrm{DB}}=\frac{EK}{4}2\varepsilon_{\mathrm{M}} \tag{附录 B－14}$$

其灵敏度提高了一倍。

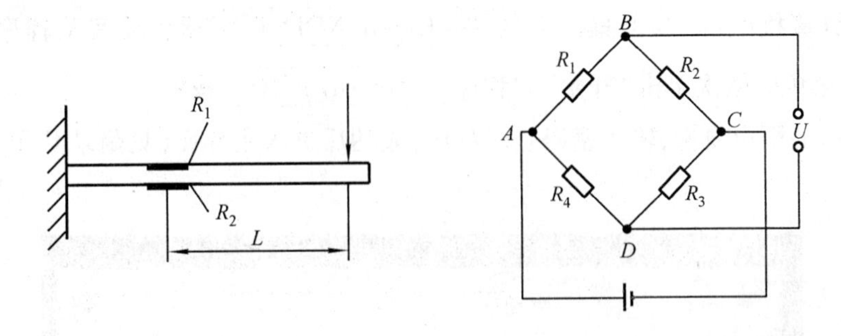

附录 B 图－10　悬臂梁弯曲应变的半桥测量

六、思考题

如果采用对臂或全桥测量，应如何布置电阻片，如何组桥，其测量灵敏度提高了几倍？

附录 C　DNS 电子万能试验机操作方法介绍

(1)打开计算机电源,双击桌面上的 TestExpert. NET1. 0 图标启动实验程序,或从 WINDOWS 的开始菜单中依次单击“开始”、“程序”、Testexpert. NET 按钮。

(2)以合适的用户身份,输入密码登录程序,成功后进入主界面(见附录 C 图 -1)。

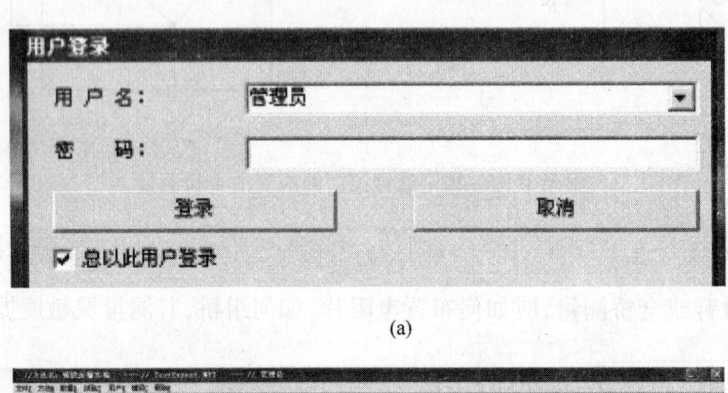

(a)

(b)

附录 C 图 -1　DNS 电子万能试验机主界面

(3)打开控制器电源,调整控制器状态使其进入可联机的状态。

(4)选择合适的负荷传感器连接到横梁(DNS 电子万能试验机做拉压弯曲试验时,所需要的力传感器位移传感器已安装在主机内)。

(5)将夹具安装到横梁上(指在做拉伸实验时,根据试件形状和尺寸选择配套的夹板)。

(6)试验方法:如果你想做最近做过的试验,可以从方法主菜单下面的最近文件列表中选择;否则,就单击工具条上的"查询方法"按钮,进入方法查询界面,在其中使用简单查询或复合查询找到你想要的试验方法,用鼠标双击该方法即可打开,如附录 C 图 -2 所示。

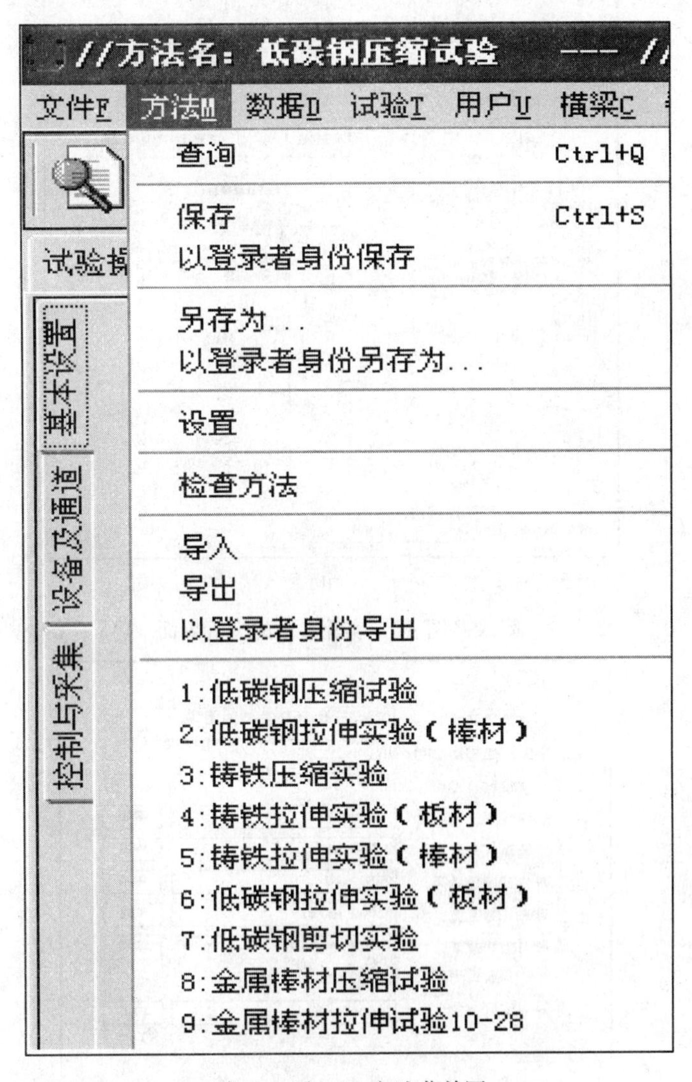

附录 C 图 -2　方法菜单图

(7)设置实验参数步骤如下:

① 在"方法定义"菜单下的"基本方法"子界面上输入试件尺寸,选定欲测参数,如附录 C 图 -3所示。该"基本方法"子界面上尚有六个数据处理及打印模式的输入按钮,在那里可以根据实验者的意愿规定数据处理公式和打印标题等注释性文字。

② 在"控制与采集"子界面上输入实验速度,确定断裂阈值,设置显示窗口和实时曲线,如附录 C 图 -4 所示。

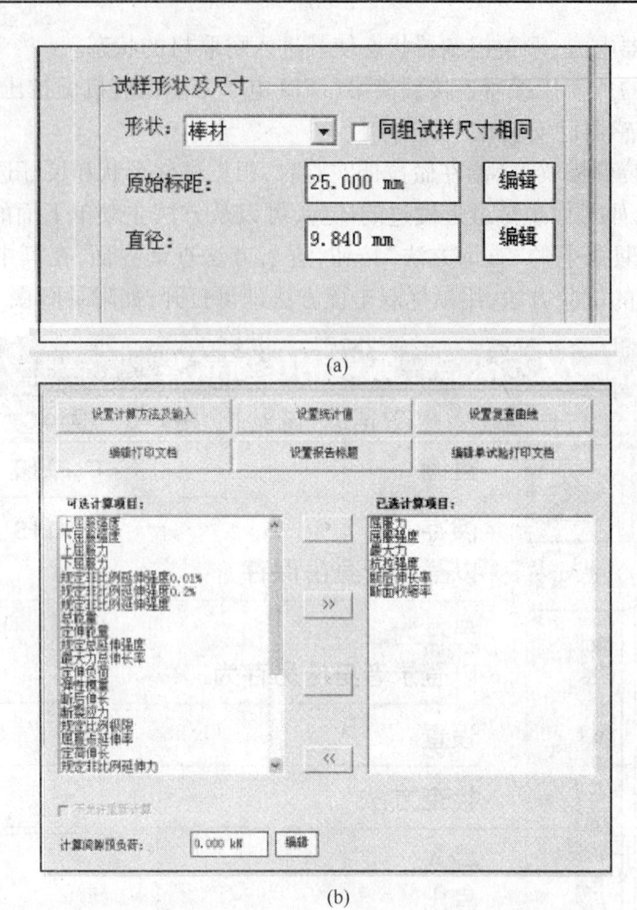

(b)

附录 C 图 -3　实验参数的设置界面

系统清零选择：　试验前消除间隙后自动清零

横梁初始移动方向：　向下

采样数据是否保存：　保存

采样频率：　10.000 Hz　编辑

试验速度：　3.000 mm/min　编辑

调节间隙预负荷：　0.500 kN　编辑

调节间隙速度：　3.000 mm/min　编辑

常用调节速度：　3.000 mm/min　编辑

激活返回

返回速度：　10.000 mm/min　编辑

试验完成后横梁自动返回

断裂检测

断裂敏感度：　50.0 %　编辑

断裂阈值：　1.000 kN　编辑

设置通道显示窗口　　设置实时曲线

附录 C 图 -4　控制与采集子界面

(8)单击程序左侧的“联机”按钮，联机大概需要十几秒钟，联机成功后，各通道值显示到下面的显示窗口中，如果联机不成功，将给出提示信息，这时请检查接线是否正确，控制系统是否有故障等。

(9)单击“启动”按钮，成功后，启动灯亮，程序左侧的大部分试验按钮处于可用状态。

(10)使用手控盒或屏幕软键移动横梁夹持试样，与横梁移动有关的软键按钮图标如附录C图-5所示。

附录C图-5　软键按钮

(11)安装引伸计，夹持好试样后，如果有必要，安装引伸计。

(12)各通道清零(在各通道的显示表头上右击，弹出一个快捷菜单，单击“清零”选项即可，如附录C图-6所示。当快捷菜单上无清零项时，单击复原后再次右击)。

附录C图-6　单击“清零”选项

(13)单击“开始试验”按钮，该按钮位于主界面左侧(绿三角)，如附录C图-7所示。注意如果无意中启动了一个没夹试件的实验，或实验过程中出现了其他错误，单击“结束试验”按钮图标(红六边形)。

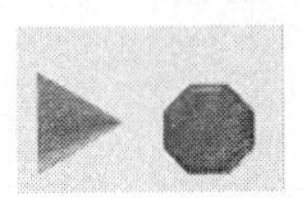

附录C图-7　“开始试验”按钮

(14)如果方法中设置使用了引伸计，则在试验进行到某一时刻需要摘下引伸计，摘下引伸计前需要单击“摘引伸计”按钮，以通知软件程序结束变形采样。

(15)结束本试验时，程序会提示实验者输入数据文件名，输入后数据被存入数据库。如果实验者设置方法时定义无自动监测断裂，就需要动手结束实验(单击红色六边形按钮)。

(16)如果做非金属实验，实验者可能希望在卸除试样后让横梁恢复到实验前的位置，这需要在方法定义中的控制与采集项内激活返回功能，结束实验后就可以单击“返回”按钮(弯箭头)。

(17)如果继续做其他试件的实验(例如试件是相同条件的一组多根)，请返回步骤(9)，但在步骤(15)时，程序将不再提示输入实验名，而是自动将试件顺序编号。

(18)完成一组试验后，可以进入数据处理界面察看数据、实验结果和统计值，还可以修改试验结果，打印输出。查看数据的做法：在操作主界面上单击欲查看的“实验名”按钮，调出实验曲线和记录结果，单击“数据”按钮，拉出菜单，在菜单上单击“导出实验数据”按钮，将出现一个数据文件，该实验的全部设定采集数据都列表显示，如附录C图-8所示。

	A	B	C
1	时间(s)	力(kN)	位移(mm)
2	4640.007	146.6372	-0.00058
3	0	0	0
4	124.9	75231.62	2.081
5	1248	1248	1248
6	0	315.62	0.017875
7	0	10	10
8	0	0	0
9	0	0	0
10	0	0	0
11	0	0	0
12	1.1	0.316	0.02
13	1.2	0.353	0.02
14	1.3	0.386	0.02
15	1.4	0.43	0.02
16	1.5	0.469	0.02
17	1.6	0.51	0.03
18	1.7	0.55	0.03

附录C图-8 数据处理界面

附录 D　CML-1H 系列应力-应变综合测试仪

电阻应变仪是测量微小应变的精密仪器。电测法的工作原理是利用粘贴在构件上的电阻应变片随同构件一起变形而引起其电阻的改变，通过测量电阻的改变量得到粘贴部位的应变。一般构件的应变是很微小的，要直接测量相应的电阻改变量是很困难的。为此采取电桥电路把应变片感受到的微小电阻变化转换成电路的输出电压信号，然后将此信号输入放大器进行放大，再把放大后的信号标定为应变表示出来，将上述电桥电路与放大器集成在一起，便是电阻应变仪。

电阻应变仪的主要作用是配合电阻应变片组成电桥，并对电桥的输出信号进行放大、标定，以便直接读出应变数值。

大多数应变仪采用直流电桥，将输出电压的微弱信号进行放大处理，再经过 A/D 转换器转化为数字量，经过标定，直接由显示窗读出应变（注意，应变仪上读出的应变为微应变，即 $1\mu\varepsilon=10^{-6}\varepsilon$）。其原理框图，如附录 D 图－1 所示。

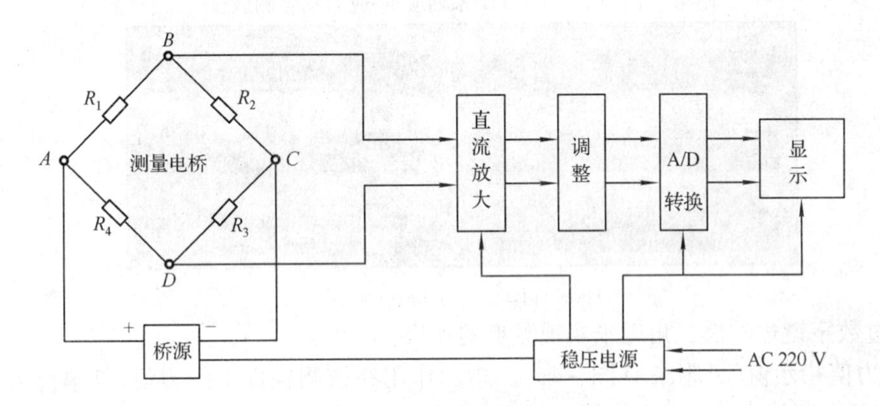

附录 D 图－1　应变仪原理图

电阻应变仪的种类、型号很多，下面介绍 CML-1H 系列应力-应变综合测试仪（见附录 D 图－2）。

一、面板功能

（1）接线柱。CML-1H 系列应力-应变综合测试仪面板上共设置 18 排接线柱，（其中最右边两排为温度补偿片专用接线柱），可同时接入 16 组工作片，或称有 16 个测量通道。

（2）应变显示窗（见附录 D 图－3）。综合测试仪上设有 6 个应变值显示窗，若同时接入的测量通道多于 6 个，则通过翻页按钮实现通道转换，翻页的方法有两种：

① 通过数字键实现测点切换。

键盘输入 1，窗口显示 1～6 测点应变。

键盘输入 2，窗口显示 7 ~ 12 测点应变。

键盘输入 3，窗口显示 13 ~ 16 测点应变。

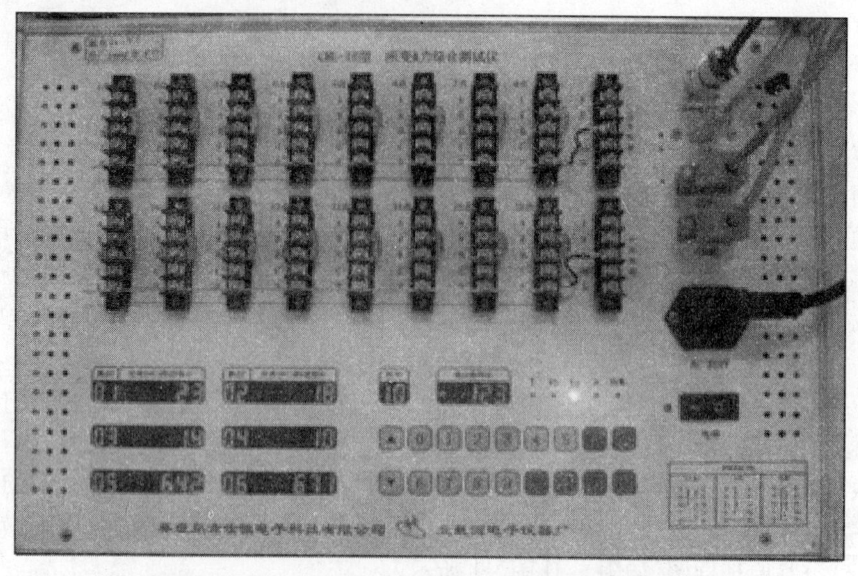

附录 D 图 －2　CML-1H 系列应变-应力综合测试仪

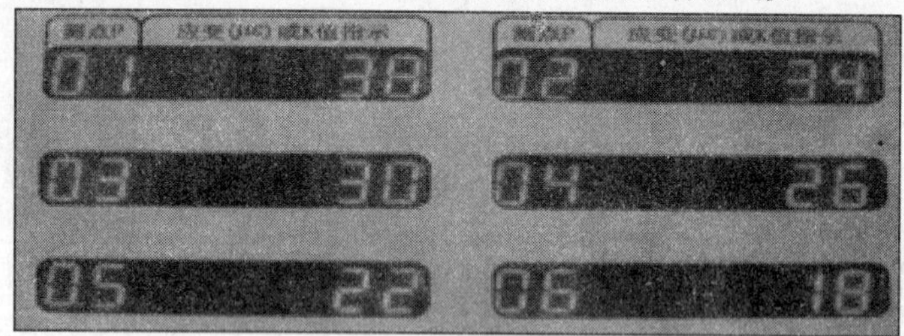

附录 D 图 －3　应变显示窗

② 通过数字键边的黑三角键来实现测点的切换。

（3）测力值指示窗（见附录 D 图 －4）。指示作用在被测构件上的力值，其单位可通过在传感器标定状态下按窗口下的数字键来确定，分别如下所示。

按数字键 1，吨（t）指示灯亮；

按数字键 2，千牛（kN）指示灯亮；

按数字键 3，公斤（kg）指示灯亮；

按数字键 4，牛顿（N）指示灯亮。

附录 D 图 －4　测力值指示窗

(4)桥路连接方法如附录 D 图 -5 所示。

桥路连接方法

1/4 桥　半桥　全桥

A B B1 C D　A D D1 D2 D3

附录 D 图 -5　桥路连接方法图示

仪器面板上图示的各种桥路接线图,形象地指明了工作片和温度补偿片的接线位置。需要注意的是附录 D 图 -5 所示的三种接线方式,工作片的接线柱点 D 与补偿片接线柱的连接是各不相同的,当所有的测量通道都采用 1/4 桥路时,点 D 可以通过外连接线连为一体,共用一个温度补偿片,但是半桥双臂测量时,无须温度补偿片,工作片接线柱上点 D 与补偿片接线柱上 D_3 的连接是保证仪器内的 R_3、R_4 被接入桥路,全桥接线则不使用补偿片接线柱, 因此,不同的测量通道采用不同桥路时,须充分注意到这一点。

(5)功能键含义如下:

【确定】键——当接通综合测试仪的电源后,首先是所有的显示窗闪烁接通,后机号显示窗连续闪烁,用数字键输入机号(两位数),按【确定】键,机号确定,该测试仪和讲台上的计算机联网,所测得的所有数据将自动传输到计算机上。

【确定】键的另一用途是后续的各种标定都须按【确定】键方能标定成功。

【K 值修正】键——即应变片的灵敏系数设定。

应变值显示界面称为测量界面,此时面板左侧六个应变显示窗口全部显示(附录 D 图 -2 左下部分);而 K 值显示界面则只有处于当前设置的通道有 K 值显示,其他窗口为关闭状态。如附录 D 图 -6 所示。

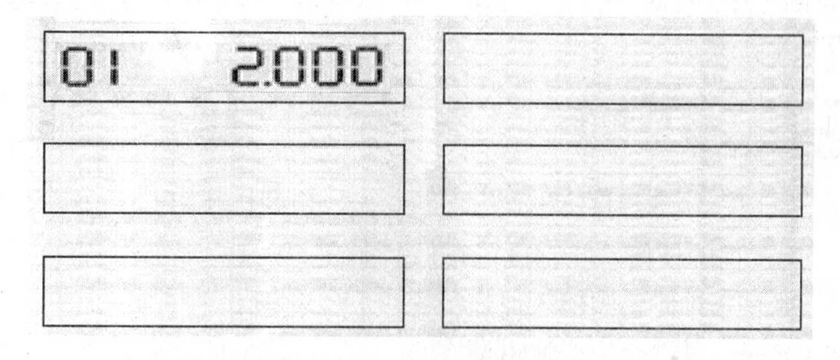

附录 D 图 -6　K 值显示界面

当应变窗口显示测量界面时,按【K 值设定】键切换为 K 值修正界面,察看 K 值或对 K 值进行修正,即由数字键的输入对当前通道 K 值进行修正,例如,当前 K 值为 2.000,若输入四位数 1 999,则表头 K 值修正为 1.999,按【确定】键保存该通道的 K 值修正,并自动切换到下一通道；若再按一次【K 值设定】键，则将 16 通道 K 值统一修正为与当前测点相同的 K 值 1.999，并自动保存退回到测量界面；按【返回】键则返回测量界面不对设置进行保存。

【标定】键——标定键的标定功能指传感器单位设定、传感器灵敏度设定、传感器量程设定和过载报警设定四步，具体操作步骤如下：

第一步（见附录 D 图 -7），设置传感器单位。按一下面板上的【标定】键，这时测力数字窗口左数第一位显示 L，在此种状态下面板上数字键与单位指示灯 t、kN、kg、N 顺序对应，根据传感器的单位按一下对应的数字键，面板上对应的单位指示灯点亮，按【确定】键，对设置保存，传感器单位设置完成，测力数字窗口左数第一位显示的 L 消失（常规试验的荷载单位应设为 N）。

附录 D 图 -7　单位的设置

第二步（见附录 D 图 -8），设置传感器的灵敏度。第一步完成后，数字窗口显示带小数点的四位数，输入传感器灵敏度（在传感器说明书上，每个传感器的灵敏度各不相同），例如 1.988 mV/V，方法是直接按数字键 1 988，（注意一定要输全四个数），按【确定】键保存进入下一步。

附录 D 图 -8　传感器的灵敏度设置界面

第三步（见附录 D 图 -9），设置传感器量程。第二步完成后测力数字窗口左数第一位显示 H，右侧四位显示满度值，输入传感器的满量程值（在传感器的标签上），本实验室弯曲正应力试验使用的传感器为满量程 9 800 N，注意，直接按数字键输入 9 800 即可，按【确定】键保存设置。

第四步（见附录 D 图 -10），过载设置。过载值是根据受试构件的强度确定的，第三步完成后数字窗口左数第一位显示 E，右侧四位显示过载报警值，例如，弯曲正应力测定的矩形截面梁最大允许荷载为 6 200 N，则过载报警值宜设为 6 100 N，（直接输入 6 100 四个数字即可）。当传感器加载到设置时，警报器会发出蜂鸣警报。完成输入后按【确定】键返回测量状态，全部标定设置工作完成。

附录 D 图 -9　传感器量程设置界面

附录 D 图 -10　传感器过载设置界面

以上四步标定过程的任何一步都可以按【返回】键，放弃标定工作，直接返回测量界面。

【应力清零】键——对传感器输入通道清零。

【应变清零】键——对所有应变通道清零。

二、仪器系统的性能特点

（1）CML-1H 型应变-应力综合测试仪经 USB 接口与计算机连接后，配合相应软件可组成仪器测试系统，通过串口 RS-485 扩展，系统可扩 256 台，即一台计算机最多可监控、记录 256

台应变仪的工作。连接方式为如下:

① 用专用 USB 连机线把第一台 CML-1H 顶侧的 USB 接口与与计算机的 USB 接口连接,把连接计算机的 CML-1H 应变仪作为主机并设置站号为 NO. 01（开机自检后机号显示位闪烁,由数字键输入“01”后确定）为系统中的第一站点。

② 用专用扩展电线把第二台 CML-1H 应变仪的“COM1”口与第一台的“COM2”口连接,此台设置站号为 NO. 2（开机自检后机号显示位闪烁,由数字键输入“02”后确定,就成为系统中的第二站点。

③ NO. 02 的“COM1”口与下一台的“COM2”口连接,此台设置站号 NO. 03 ,为系统中的第三站,依次类推连接其他仪器,即完成与微机连接准备工作。

注意在运行采集软件前,必须严格按要求设置系统仪器联机站号,从 01 顺序向下设置,不能有相同站号,如果不连接计算机,每台 CML-1H 都可单独使用,站号随便设置即可。

(2)计算机的软件对各测点的应变值及测力通道进行实时监测,2 s 完成对所有测点的采集,减初始应变的测值、含初始应变的测量值可自动转换,测量数据按命令进行多级存储,可绘制坐标图。

(3)配置的力传感器可测量拉力或压力,适于多种力学实验的加载模式。

(4)配置的静态测量软件可进行静态应变采集、分析,每个独立系统能对单台仪器的静态数据进行处理,数据可以转化为通用数据格式显示、存储或打印。

(5)软件可直接生成实验报告。

三、应变综合测试仪的技术指标

应变综合测试仪的技术指标如附录 D 表-1 所示。

附录 D 表 -1　应变综合测试仪的技术指标

型　　号	CML-1H-16
测量点数	16 通道应变,1 通道测力
量程	±25 000 με
初始不平衡值	±25 000 με
测量精度	测量值的 0.2% ±2 με
测量速度	≤16 点/2 s
零点飘移 （室温,不考虑桥路影响）	<3 με/4 h 温度漂移 <1με/℃
灵敏度调节范围	0.001 ~ 9.999
试调电阻范围	120 ~ 1 000 Ω
桥压	DC 2 V
温,湿度条件	温度 5 ~ 40 ℃
工作电压	220 V ± 22 V, 50 Hz
扩展数量	256 台

附录 E　BDCL 材料力学多功能试验台

BDCL 材料力学多功能试验台是力学实验室为供学生自己动手设计材料力学电测实验的专门设备(见附录 E 图 -1),同一模式共设置 20 台套,每套供 2 ~5 人一个小组操作,可进行多种电测实验,全部设备都与教师操控的中心计算机联网,教师可实时监控整个群体的试验过程。

一、构造及工作原理

(1)实验台外形结构如附录 E 图 -1 所示,由传感器、弯曲梁、等强度梁、扭转筒、拉伸试件,加力机构等附件组成,分前后两片工作架,前片可进行弯扭组合受力分析实验、材料弹性模量测定、泊松比测定、偏心拉伸试验、压杆稳定实验,等强度梁实验,后片可进行弯曲正应力实验。

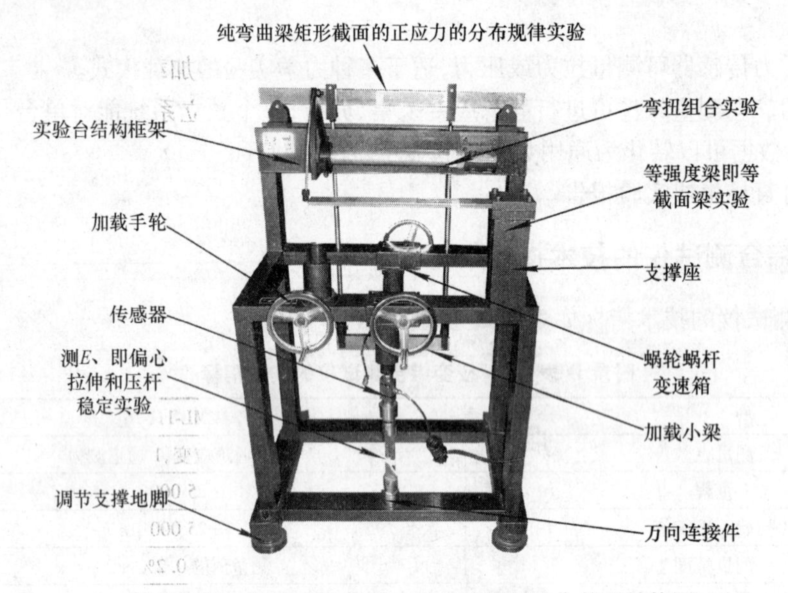

附录 E 图 -1　BDCL 材料力学多功能试验台外形结构图

(2)加载原理。加载机构为内置式,采用涡轮蜗杆及螺旋传动原理,通过手轮操作,利用涡轮蜗杆将手轮的转动转换为螺旋千斤顶的直线运动,对试件进行施力加载,具有操作简便,加载稳定,调整荷载灵活方便等特点。

(3)工作机理。实验者转动手轮,经涡轮蜗杆转换,千斤顶产生伸或缩运动,连接在千斤顶端部的拉压传感器将荷载传递给试件的同时,产生电荷信号传输给应变综合测试仪,测试仪将电荷信号的大小标定为力值数字,在力显示窗口显示出来,试件受力后的变形则通过粘贴在试件上的电阻片转换为电信号,由综合测试仪的桥式测量电路检测出该信号,并标定为应变值在应变显示窗口显示出来,综合测试仪,具有微机连接接口,所有显示的数据都可以由计算机分析处理和打印。

二、操作方法

(1)将所做实验的试件通过有关附件连接到架体相应位置,连接拉压力传感器和加载附件到加载机构上去。

(2)连接传感器电缆线到综合测试仪传感器输入插座;连接应变片导线到仪器的各个测量通道相应的接线柱上。

(3)根据所做实验的内容,查《多功能实验台参数表》,确定本实验的最大载荷,制定分级加载方案。

(4)打开仪器电源,预热 20 min,输入传感器参数(灵敏度和量程)及应变片参数(灵敏系数),如上节所述。当使用新型号的传感器和电阻片时,上述步骤不可省略,如果新的实验没有使用新型号传感器和应变片,可不必重新设置,但应该检查核实一遍。

(5)预加载。将载荷从零缓慢加至最大载荷的一半左右,再卸载至零,反复 2~3 次,此举目的在于消除试件以往实验残留的迟滞变形,提高本次实验的数据线性。

(6)在不加载的情况下将力值和应变值的显示调至零。

(7)依据实验方案对试件施加初载荷,记录相应力和应变显示值,在初载基础上对试件分级加载,记下各级力值和试件产生的相应应变值。

(8)注意转动手轮速度应均匀缓慢,尤其是大载荷,应仔细体会手轮转动力度,并配合密切观察力值显示窗的数值,保证加载准确。

三、技术参数

(1)本机最大载荷≤8 kN,每种试件最大加载限度参见《多功能实验台参数表》。

(2)加载机构作用行程(即千斤顶端部最大行程)≤55 mm。

(3)手轮加载转矩 0~2.6 N·m。

(4)加载速度 0.13 mm/转(手轮)。

(5)传感器量程 1 000 kg(9 800 N)。

四、多功能试验台各试件参数表

多功能试验台各试件参数如附录 E 表-1 所示。

附录 E 表-1　多功能试验台各试件参数表

实验项目	荷　载	桥路接法	应变片数据	实验梁(试件)数据
矩形梁纯弯曲试验	初载:400 N 终载:6 000 N 增量:1 000 N	1/4 桥或半桥	单片 8 片; 电阻值:120.1 Ω±0.1 Ω; 栅长×栅宽:3 mm×2 mm; $K=2.08$	材料:45 号钢; 长×宽×高=700 mm×40 mm×20 mm; 弹性模量 $E=200\sim210$ GPa; 泊松比 $\mu=0.28$; 力矩 $a=150$ mm; 矩形梁惯性矩 $I=1.067\times10^{-7}$ mm^4
测 E、测 μ 及偏心拉伸试件	初载:200 N 终载:2 000 N 增量:500 N	全桥	单片 8 片; 电阻值:120.1 Ω±0.1 Ω; 栅长×栅宽:3 mm×2 mm; $K=2.08$	材料:45 号钢; 长×宽×厚=200 mm×40 mm×5 mm; 弹性模量 $E=200\sim210$ GPa; 泊松比 $\mu=0.28$; 偏心矩 $a=10$ mm; 梁横截面积 $A=150$ mm^2

续表

实验项目	荷　载	桥路接法	应变片数据	实验梁(试件)数据
弯扭组合试件	初载:200 N 终载:2 000 N 增量:500 N	1/4 桥	三轴应变花:(45°) 2 个; 电阻值 120.1 Ω±0.1 Ω; 栅长×栅宽:3 mm×2 mm; $K=2.08$	材料:LY12 硬铝合金; 外径: 39.9 mm;内径:34.4 mm; 弹性模量 $E=68\sim73$ GPa; 泊松比 $\mu=0.33$; 力臂 $a=250$ mm; 横截面积 $A=320$ mm^2; 惯性矩 $I=0.556\times10^{-7}$ mm^4 极惯性矩 $I_P=1.113\times10^{-7}$ mm^4
等强度梁实验及桥路变换	初载:20 N 终载:200 N 增量:50 N	1/4 桥、半桥或全桥	单片 5 片; 电阻值:120.1 Ω±0.1 Ω; 栅长×栅宽:3 mm×2 mm; $K=2.08$	材料:45 号钢; 长×宽×厚:500 mm×46 mm×8 mm; 弹性模量 $E=210\sim200$ GPa; 泊松比 $\mu=0.28$; 加载力臂 400 mm
压杆稳定实验		半桥	单片 2 片; 电阻值:120.1±0.1 Ω; 栅长×栅宽:3×2 mm; $K=2.08$	材料:65 号锰弹簧钢; 长×宽×厚:320 mm×20 mm×1.8 mm; 弹性模量 $E=200\sim210$ GPa; 泊松比 $\mu=0.28$; 硬度 HRC=40~45

五、试验操作要求

(1)实验者应首先将欲测量试件摆放到位,核实或调整相关的几何尺寸,然后接通测量仪器电源,预热约 20 min,尤其在室温较低时,预热是否充分直接关系到仪器输出的稳定性。

(2)仔细听取教员介绍仪器或认真阅读仪器说明书,不盲目操作。

(3)各项操作不超过规定的终载最大拉压力。

(4)手轮加载机构经蜗轮、蜗杆转换后,加载轻便,若实验中发现加载较费力,应仔细复查力传感器参数是否输入错误。

(5)加载机构最大行程为 55 mm,手轮转动快到行程末端时应缓慢转动,防止超过行程撞坏加载部件。

(6)所有实验进行完毕后,应释放加力机构即卸载到零,关闭电源,整理好连接导线。

(7)结束实验后应在本机的使用记录上签名。

附录 F 常用工程材料的力学性质和物理性质

附录 F 表 -1 常用工程材料的力学性质和物理性质

材料	弹性模量 E/GPa	剪切弹性模量 G/GPa	屈服极限 σ_s/MPa	剪切屈服极限 τ_s/MPa	拉伸强度极限 σ_b/MPa	剪切强度极限 τ_b/MPa	延伸率 δ/%	密度 ρ kg/m^3	线膨胀系数 α/×10^{-6}℃
铝合金	69	26	230	—	390	240	23	2 770	23
黄铜	102	38	—	—	350	—	40	8 350	18.9
青铜	115	45	210	—	310	—	20	7 650	18
灰铸铁	90	41	—	—	210	—	8	7 640	10.5
可锻铸铁	170	83	24	166	370	330	12	7 640	12
低碳钢	207	80	280	175	480	350	25	7 800	11.7
镍铬钢	280	82	1 200	650	1 700	950	12	7 800	11.7
木材(顺纹)	9	1	48	—	70	—	12	550	—

注:本表摘自 E. J. Hearn:Mechanics of Materials。

附录 G　材料力学实验记录

金属轴向拉伸与压缩

实验日期________年____月____日　　　　　　　　实验室温度________℃

同组成员____

一、实验目的

二、实验设备（规格、型号）

三、实验记录及数据处理

附录 G 表 -1　低碳钢拉伸时的力学性能测定

试 样 尺 寸	实 验 数 据
实验前： 标　　距　$l=$________ mm 直　　径　$d=$________ mm 横截面面积　$A=$________ mm^2 实验后： 标　　距　$l_1=$________ mm 最小直径　$d_1=$________ mm 横截面面积　$A_1=$________ mm^2	屈　服　载　荷　$F_s=$________ kN 最　大　载　荷　$F_b=$________ kN 屈服应力（屈服强度）　$\sigma_s=\frac{F_s}{A}=$________ MPa 抗拉强度（破坏应力）　$\sigma_b=\frac{F_b}{A}=$________ MPa 伸　　长　　率　$\delta=\frac{l_1-l}{l}\times100\%=$________ 断　面　收　缩　率　$\psi=\frac{A-A_1}{A}\times100\%=$________

续表

试 样 草 图	拉 伸 图
实验前： 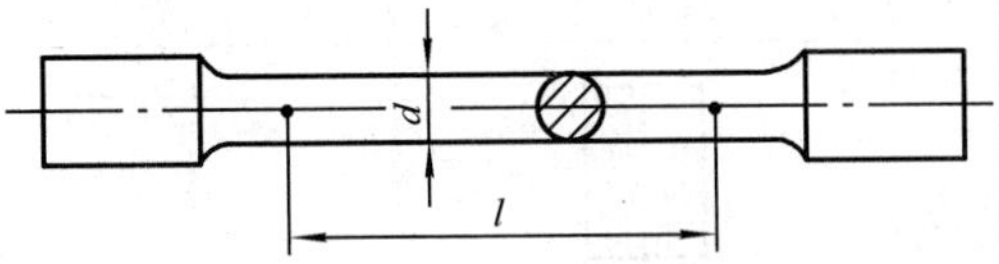 d　l 实验后：	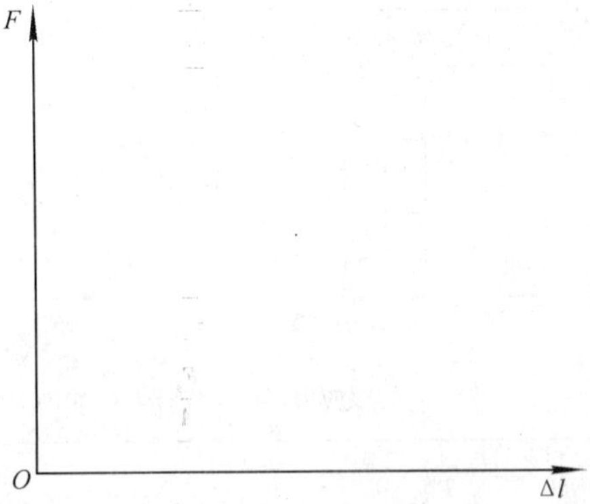 F　O　Δl

附录 G 表 -2　灰铸铁拉伸时的力学性能测定

试 样 尺 寸	实 验 数 据
实验前： 直　　径　$d=$________mm 横截面面积　$A=$________mm^2	最 大 载 荷　$F_b=$________kN 抗 拉 强 度　$\sigma_b=\frac{F_b}{A}=$________MPa
试 样 草 图	**拉 伸 图**
实验前： 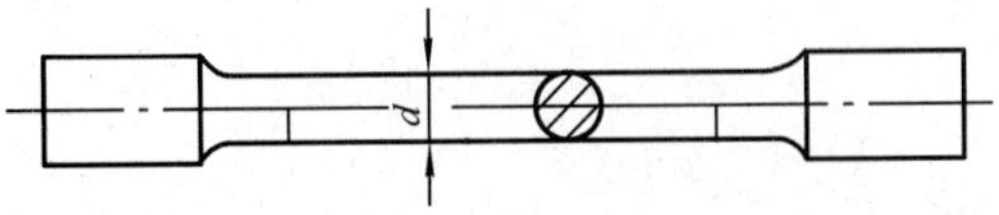 d 实验后：	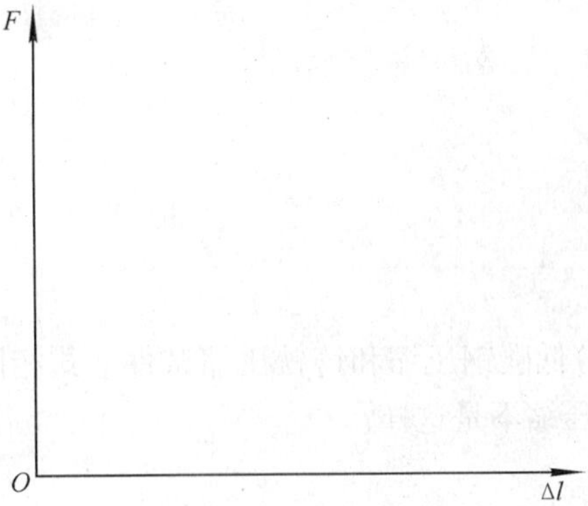 F　O　Δl

附录 G 表 -3 低碳钢和灰铸铁压缩时的力学性能测定

材 料	低 碳 钢		灰 铸 铁	
试样尺寸	$d=$____mm， $A=$____mm^2		$d=$____mm， $A=$____mm^2	
	实 验 前	实 验 后	实 验 前	实 验 后
试样草图	d		d	
实验数据	屈服载荷 $F_s=$________kN 屈服应力 $\sigma_s=\frac{F_s}{A}=$____MPa		最大载荷 $F_{bc}=$________kN 抗压强度 $\sigma_{bc}=\frac{F_{bc}}{A}=$____MPa	
压缩图	F O Δl		F O Δl	

四、思考题

(1)低碳钢拉伸曲线分几个阶段？每个阶段的力和变形之间有什么特征？

(2)低碳钢压缩和铸铁压缩试件形式相同，受力状态相同，为什么铸铁压缩呈 45°破坏而低碳钢压缩不是这样？

金属剪切实验

实验日期________年____月____日　　　　　　　　实验室温度________℃

同组成员____

一、实验目的

二、实验设备(规格、型号)

三、实验记录及数据处理

附录G表-4　低碳钢和灰铸铁剪切时的力学性能记录表

材　料	试样尺寸		最大载荷 F_b kN	抗切强度 $\tau_b=\frac{F_b}{2A}$ MPa
	直径 d mm	横截面面积 A mm^2		
低碳钢				
灰铸铁				

四、画出剪切试件的受力图

五、思考题

剪切实验时试件的破坏除剪切力作用外,还有哪些因素作用?

金属扭转实验

实验日期________年____月____日　　　　　　　　实验室温度________℃

同组成员____

一、实验目的

二、实验设备（规格、型号）

三、实验记录及数据处理

附录 G 表 -5　低碳钢和灰铸铁扭转时的数据记录

材料	低碳钢	灰铸铁
试样尺寸	$d=$____mm，$W_p=\frac{\pi d^3}{16}=$____mm^3	$d=$____mm，$W_p=\frac{\pi d^3}{16}=$____mm^3

四、简述低碳钢试件与铸铁试件扭转破坏后断口形状不同的原因

五、实验记录表

附录G表-6　实验记录表

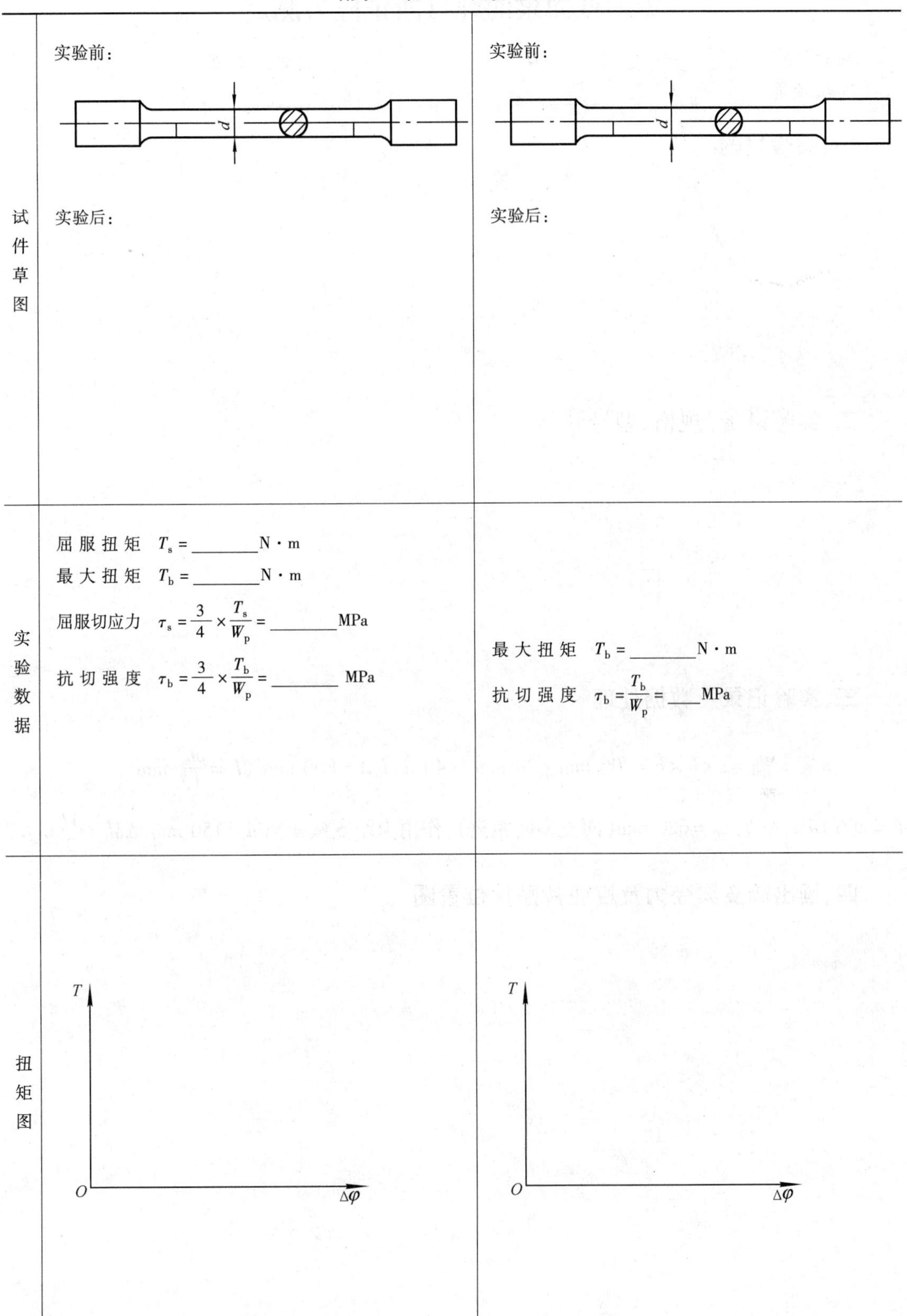

试件草图	实验前： d 实验后：	实验前： d 实验后：
实验数据	屈服扭矩　$T_s=$________N·m 最大扭矩　$T_b=$________N·m 屈服切应力　$\tau_s=\frac{3}{4}\times\frac{T_s}{W_p}=$________MPa 抗切强度　$\tau_b=\frac{3}{4}\times\frac{T_b}{W_p}=$________MPa	最大扭矩　$T_b=$________N·m 抗切强度　$\tau_b=\frac{T_b}{W_p}=$____MPa
扭矩图	T O　$\Delta\varphi$	T O　$\Delta\varphi$

矩形截面梁的纯弯曲正应力测定

实验日期________年____月____日 实验室温度________℃

同组成员____

一、实验目的

二、实验设备(规格、型号)

三、实验记录及数据处理

长×宽×高 $= l \times b \times h = 700\ \text{mm} \times 20\ \text{mm} \times 40\ \text{mm}$,$A = 800\ \text{mm}^2$,$I_z = \dfrac{bh^3}{12}\ \text{mm}^4$,

$E = 206$ GPa,跨距 $L_0 = 620$ mm(两支座间距离),作用力距支座距离 $a = 150$ mm,$\Delta M = \dfrac{\Delta F}{2} \times a$。

四、画出简支梁受力及应变片贴片位置图

五、测试数据记录表

附录 G 表 −7　测试数据记录表

载荷/N		综合测试仪应变窗读数($\times10^{-6}$)															
		1 点		2 点		3 点		4 点		5 点		6 点		7 点		8 点	
F	$\Delta F'$	读数 ε_1	增量 $\Delta\varepsilon_1$	读数 ε_2	增量 $\Delta\varepsilon_2$	读数 ε_3	增量 $\Delta\varepsilon_3$	读数 ε_4	增量 $\Delta\varepsilon_4$	读数 ε_5	增量 $\Delta\varepsilon_5$	读数 ε_6	增量 $\Delta\varepsilon_6$	读数 ε_7	增量 $\Delta\varepsilon_7$	读数 ε_8	增量 $\Delta\varepsilon_8$
1 000 N	1 000 N																
2 000 N	1 000 N																
3 000 N	1 000 N																
4 000 N	1 000 N																
5 000 N	$\Delta\overline{F}$		$\Delta\overline{\varepsilon_1}$		$\Delta\overline{\varepsilon_2}$		$\Delta\overline{\varepsilon_3}$		$\Delta\overline{\varepsilon_4}$		$\Delta\overline{\varepsilon_5}$		$\Delta\overline{\varepsilon_6}$		$\Delta\overline{\varepsilon_7}$		$\Delta\overline{\varepsilon_8}$
	1 000 N																
应变片距中性轴距离		20 mm（上表面）		20 mm（上表面）		15 mm（中性轴上）		10 mm（中性轴上）		0 mm（中性轴）		10 mm（中轴下）		15 mm（中轴下）		20 mm（下表面）	
$\sigma_{实}=E\overline{\Delta\varepsilon}$/MPa																	
$\sigma_{理}=\dfrac{\overline{\Delta M_y}}{I_z}$/MPa																	
相对误差/%																	
泊松比值		$\mu=$															

薄壁圆筒的弯扭组合变形

实验日期________年____月____日　　　　　　实验室温度________℃

同组成员____

一、实验目的

二、实验设备(规格、型号)

三、实验记录及数据处理

1. 测定点 B(上)、点 D(下)的主应力及其方向

(1) 测定点 B 的应变。

附录 G 表 -8　测定点 B 的应变记录表

应变/με 载荷/N		45°方向 (R_1)		0°方向 (R_2)		-45°方向 (R_3)	
读数 F	增量 ΔF	读数 $\varepsilon_{45°}$	增量 $\Delta\varepsilon_{45°}$	读数 $\varepsilon_{0°}$	增量 $\Delta\varepsilon_{0°}$	读数 $\varepsilon_{-45°}$	增量 $\Delta\varepsilon_{-45°}$
$\overline{\Delta F}$ =　　N		$\overline{\Delta\varepsilon}_{45°}$ =		$\overline{\Delta\varepsilon}_{0°}$ =		$\overline{\Delta\varepsilon}_{-45°}$ =	

（2）测定点 D 的应变。

附录 G 表 -9　测定点 D 的应变记录表

载荷/N \ 应变/με		45°方向 (R_4)		0°方向 (R_5)		-45°方向 (R_6)	
读数 F	增量 ΔF	读数 $\varepsilon_{45°}$	增量 $\Delta\varepsilon_{45°}$	读数 $\varepsilon_{0°}$	增量 $\Delta\varepsilon_{0°}$	读数 $\varepsilon_{-45°}$	增量 $\Delta\varepsilon_{-45°}$
$\overline{\Delta F}$ =　　N		$\overline{\Delta\varepsilon_{45°}}$ =		$\overline{\Delta\varepsilon_{0°}}$ =		$\overline{\Delta\varepsilon_{-45°}}$ =	

（3）计算点 B、D 的主应力及其方向。

附录 G 表 -10　点 B、D 的主应力及其方向的记录表

材料参数：　弹性模量 E = 71 GPa，　泊 松 比 μ = 0.33

圆筒尺寸：　外径 D = 39.9 mm，　内径 d = 34.4 mm

测点位置（自由端距贴片距离）：l_1 = 300 mm

加载臂长：l_2 = 250 mm

测点 \ 主应力及方向	σ_1/MPa			σ_3/MPa			α_0(°)		
	实验值	理论值	误差	实验值	理论值	误差	实验值	理论值	误差
点 B									
点 D									

$$\sigma_1\sigma_3 = \frac{E(\varepsilon_{45°}+\varepsilon_{-45°})}{2(1-\mu)} \pm \frac{\sqrt{2}E}{2(1+\mu)}\sqrt{(\varepsilon_{45°}-\varepsilon_{0°})^2+(\varepsilon_{-45°}-\varepsilon_{0°})^2}$$

$$\tan 2\alpha_0 = \frac{(\varepsilon_{45°}-\varepsilon_{-45°})}{(2\varepsilon_{0°}-\varepsilon_{45°}-\varepsilon_{-45°})}$$

2. 测定与弯矩、扭矩分别对应的应变和应力

（1）画接线图。

（a）测弯距产生的应变接线（半桥双臂）　（b）测扭距产生的应变接线（对臂）

(2)测量数据记录。

附录 G 表 -11　测数据的记录表

载荷/N \ 应变/με		与弯矩 M 对应		与扭矩 T 对应	
F	ΔF	ε'	$\Delta\varepsilon'$	ε''	$\Delta\varepsilon''$
$\overline{\Delta F}$ = ______ N		$\overline{\Delta\varepsilon'}$ = ______		$\overline{\Delta\varepsilon''}$ = ______	
		$\overline{\Delta\varepsilon_M}$ = ______		$\overline{\Delta\gamma_T}$ = ______	
实　验　值		$\sigma_{M实}$ = ______ MPa		$\tau_{T实}$ = ______ MPa	
理　论　值		$\sigma_{M理}$ = ______ MPa		$\tau_{T理}$ = ______ MPa	
误差/%					